贵州大学教育教学改革研究重点项目
贵州大学省级本科教学工程项目　资助

乌当地质实习指导书

蒋　玺　唐　波　杨宇宁　编著

科学出版社
北　京

内 容 简 介

本书为贵州大学地质类本科教学实习指导书。全书主要由三部分组成：第一部分为野外地质实习基础，突出野外地质工作的通用性，介绍野外地质实习装备、地质填图的基本工作方法、岩石的野外观察和描述、地质构造的野外观察与分析等；第二部分为乌当地质实习，针对性地介绍贵州大学地质类教学实习的主要内容，包括实习区地质概况、乌当地质实习的主要内容、教学实习成果汇编，以及实习考核等内容；第三部分介绍实习区的主要古生物化石，便于学生在实习过程中进行化石对比研究。

本书适合于资源勘查工程、勘察技术与工程、岩土工程等地质类相关专业的野外地质教学使用，也可作为相关专业的教师和工程技术人员的参考书。

图书在版编目(CIP)数据

乌当地质实习指导书 / 蒋玺,唐波,杨宇宁编著. — 北京：科学出版社，2019.6
ISBN 978-7-03-061744-6

Ⅰ.①乌… Ⅱ.①蒋… ②唐… ③杨… Ⅲ.①区域地质调查-教育实习-贵阳-高等学校-教学参考资料 Ⅳ.①P562.731-45

中国版本图书馆 CIP 数据核字 (2019) 第 124516 号

责任编辑：张 展 孟 锐 / 责任校对：彭 映
责任印制：罗 科 / 封面设计：墨创文化

科 学 出 版 社 出版

北京东黄城根北街16号
邮政编码：100717
http://www.sciencep.com

四川煤田地质制图印刷厂印刷
科学出版社发行 各地新华书店经销

＊

2019 年 6 月第 一 版 开本：B5 (720×1000)
2019 年 6 月第一次印刷 印张：12.75
字数：255 000

定价：49.00 元
(如有印装质量问题,我社负责调换)

前　言

　　地质学科以实践性强为突出特色，所以野外实践教学与课堂理论教学一直是地学教育的两大课程体系。贵州大学地质类学科以工科为主，实践能力培养更是专业课程教学的重中之重。根据培养方案和教学计划，在完成普通地质学、结晶学与矿物学、古生物地层学、构造地质学及岩石学等专业基础课后，必须开展一次系统的地质教学实习。地质教学实习课程在专业培养体系中起着承上启下的重要作用，它不仅是对前期专业基础课程学习的整体检阅和提升，更是学生首次亲历系统的野外地质工作，对其深入认识专业和今后的职业规划具有重要的启发作用。

　　从1958年原贵州工学院建校以来，乌当教学实习基地就一直是我校的地质类实践教学基地。六十多年来，基地建设凝结了我校罗绳武、毛健全等地质前辈，以及数代专业教师、地质工作者和学生的心血。基地在我校乃至贵州省的地质类实践教学体系中发挥了不可替代的重要作用。

　　实习教材编写是实习课程建设的重要组成部分。本指导书是在顾尚义教授等编写的《贵阳乌当地质填图实习指导书》(2007年)基础上编写而成的。为突出实用性，指导书共分为上、中、下三篇。上篇为"野外地质实习基础"，强调通用性，主要介绍野外地质工作装备、填图工作方法、岩石及地质构造的野外观测和描述方法等；中篇为"乌当地质实习"，强调针对性，主要围绕贵州大学乌当教学实习基地，介绍实习区的地质基本情况、乌当地质实习的基本内容和教学要求等；下篇为"实习参考"，为了便于学生开展野外化石标本对比，此部分保留了原书"主要化石"一章，并附上了部分技术规范要求等。

　　本书主要由蒋玺、唐波、杨宇宁编写。蒋玺编写第一至六章，其中第五章中"沉积环境与沉积相"部分由蒋文杰和郑朝阳两位老师编写；第七章、第八章及附录由唐波编写；第九章由杨宇宁和唐波编写；全书由蒋玺统稿。

　　本书是贵州大学资源与环境工程学院乌当实习队全体老师的共同成果，在此特向这些前辈和同事致以最真诚的谢意。本书组织编写过程中得到了贵州大学资源与环境工程学院吴攀院长、滕召华书记、周丕康副院长等领导，以及地球科学系全体老师的关心和支持，同时，刘沛、何丰胜、熊贤明等老师提供了大量野外资料，在此一并表示感谢！

本书由贵州大学教育教学改革研究重点项目(JGZD201508)和贵州大学省级本科教学工程项目(SJZY201402)共同资助。

由于编者水平有限，书中疏漏之处在所难免，希望读者批评指正。

目　　录

上篇　野外地质实习基础

中篇　乌当地质实习

下篇　实习参考

上　篇

野外地质实习基础

第一章　常用野外地质装备

"工欲善其事，必先利其器"，地质装备是野外地质工作顺利完成的重要保障。除传统的地质考察三大件(地质锤、地质罗盘、放大镜)外，还有多种地质装备被用于不同目的的野外地质调查中，如 GPS、放射性检测仪、测绳、不同比例的地形图等。本章介绍一些野外常用的地质装备。

第一节　地　质　罗　盘

地质罗盘是最常用的野外地质装备。正确熟练地使用地质罗盘，是一个地质工作者必须掌握的最基本的技能之一。

一、地质罗盘的结构

地质罗盘又称"袖珍经纬仪"。主要包括磁针、水平仪和倾斜仪。结构上可分为底盘、外壳和上盖，主要仪器均固定在底盘上，三者用合页连接成整体。地质罗盘可用于识别方向、确定位置、测量地质体产状及草测地形图等，其结构如图 1-1 所示。

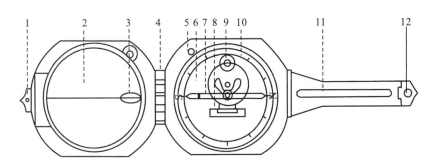

图 1-1　地质罗盘结构示意图

1. 小照准合页；2. 反光镜；3. 椭圆孔；4. 连接合页；5. 固定器；6. 底盘；7. 磁针；

8. 长水准；9. 圆水准；10. 刻度环；11. 长照准合页；12. 短照准合页

二、地质罗盘的使用

(一)定向和基准

地面上某一点的坐标已知，则该点位置就确定。若需测定地面上某一点的方向，则须有一个参照点(参照方向)——基准点(基准方向)。测量方位角是指在水平面内测出与基准方向间的夹角。

基准方向有真北方向和磁北方向两个，它们之间存在一个夹角(即磁偏角，各地不同)。罗盘磁针所指方向为磁北方向，而一般采用真北方向作为基准方向，所以在用地质罗盘定向时要对测量的角度进行换算或事先对罗盘进行校正。

水平仪内磁针顺时针旋转一周为360°。正北方向计为0°，表示为"N"；正东方向为90°，表示为"E"；正南方向为180°，表示为"S"；正西方向为270°，表示为"W"。方位测定时，罗盘磁针所指测向与N的夹角(即从0°转过的角度)，称为方位角。如夹角为135°，即为南东方向，记为SE135°，或直接写为135°。

(二)磁偏角校正

地球上任一点磁北方向与真北方向的夹角称为磁偏角。地球上某点磁针北端偏于真北方向的东边叫东偏，偏于西边称西偏。磁偏角可从测区正规地形图上查到，东偏为"+"，西偏为"−"。野外工作中，首先要根据已知磁偏角，对罗盘进行磁偏角校正，使其读数能直接代表地理方位。例如，某地磁偏角为−2.5°，可拨动罗盘水平刻度盘，使刻度357.5°对准指北处(原0°位置)，即可完成磁偏角校正。

(三)面状构造测量

包括各种地质界面，如层理面、断层面、片理面、片麻理面、劈理面、节理面、侵入体与围岩接触面，以及岩体中的面体流动构造(流面)的产状要素测量。现以层理面的产状测量为例进行介绍(图1-2)。

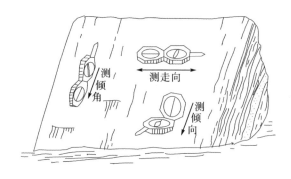

图 1-2　地质罗盘测量产状示意图

1. 岩层走向测定

岩层走向是指岩层层面与水平面交线的方向。测量时,将罗盘长边紧贴层面,然后转动罗盘,使底盘圆水准器的气泡居中,此时磁针所指刻度即为岩层走向。

由于走向代表一条直线的方向,可以向两边无限延伸,所以罗盘指北针和指南针所指读数均可代表该岩层走向。

2. 岩层倾向测定

岩层倾向是指岩层向下最大倾斜方向线在水平面上的投影,恒与岩层走向垂直。测量时,将罗盘盖(带反光镜者)贴于岩层面上,罗盘底盘紧靠层面并转动罗盘,使底盘圆水准器中气泡居中,读指北针所指刻度即为岩层的倾向。

有时(如在井下或坑道),测量岩层上层面存在困难,则可通过测量下层面获得岩层倾向。此时,用上述方法测量时,读指南针即可获得岩层倾向。

3. 岩层倾角测定

岩层倾角是指岩层层面与假想水平面间的最大夹角,即真倾角。测量时,将罗盘长边平行于岩层真倾向方向置于层面上,转动罗盘底部的外旋柄,使侧斜器上的长水准气泡居中,读倾斜刻盘上的数值即为岩层倾角。

在产状要素测量时,若构造面凹凸不平,不便于直接测量时,可借助野外记录簿、图夹和硬纸板等进行测量,即将纸板紧贴构造面,使其代表所测平面,并在它之上完成产状测量。

4. 产状记录

由于岩层走向与倾向恒定垂直,所以对所测产状一般只需记录倾向和倾角,走向根据倾向加减90°即可。例如,测量出某岩层走向220°,倾向130°,倾角35°,则记为130°∠35°。

（四）线状构造测量

线状构造测量包括各种线状构造如矿物生长线理、皱纹线理、交面线理、石香肠构造、擦痕、褶皱枢纽以及岩浆岩体中的线状流动构造(流线)等的产状要素测量。

倾伏向(指向)和倾伏角的测量在多数情况下需借助于铅笔、测绳或地质锤柄等,将其置于与被测线状构造一致或平行的位置,再用罗盘在锤柄等物件上进行测量。罗盘N端要朝构造线的倾伏方向且使其水平,罗盘轴线必须投影在锤柄上,此时指北针读数为倾伏向。将罗盘侧边置于锤柄之上,紧贴或与其平行,并使长水准气泡居中,此时倾斜刻盘上的数值为倾伏角。

当线状构造包含在某一倾斜面内(如在断层或层间滑动面上发育的线理如擦痕等)时,此线与该平面走向线间所夹的锐角即为其侧伏角。侧伏向则是构成上述锐角的走向线那一端的大致方向,借助半圆仪(半圆量角器)即可进行测定。

(五)产状测量的技术要求

产状要素测量必须注意其可靠性、代表性和系统性。

可靠性是指必须确保所测产状为岩层真实、稳定的产状。首先,所测的岩石露头应为基岩,若岩层受到滑坡、崩塌等作用而导致空间位置变化,则其测量产状不能指示岩层的真实产状。同时,若地层中存在软弱岩层如泥岩、页岩、千枚岩等,则其中所发育的次生产状也常会使地层层序混乱或歪曲地质构造现象。因此,测量时必须认真观察分析,判别真假产状。另外,在构造活动强烈区段,即使出露为基岩,但由于次生面状构造如劈理、节理等较为发育,也易与原始层理混淆。所以,野外工作中要认真观察、仔细追索,鉴别层理和次生构造面理,然后分别测量和统计,确保测量产状要素的可靠性。

测量产状时还要注意所选择的面状构造或线状构造的代表性。如在层理面产状测量时,当岩层产状在较大范围内比较稳定且层面较为平整时,在该岩层上任选层面进行测量即可代表岩层产状。但若受原生、次生、构造、非构造等诸多因素影响时,岩层中局部产状会发生变化,此时须进行一定的追索并根据岩层的宏观产出特征,选择代表性层面进行产状测量。在某些构造变动强烈区段,岩层产状变化大,难以选择代表性产状的岩层。此时可根据构造级别和期次等关系,采取分段测量和制图,尽可能真实地记录岩层产状的变化情况。

产状要素测量的系统性,是为了掌握某一地质体或某一构造在空间上的展布状态及变化规律。因此,在路线地质观察中要注意产状变化并随时测量。如在贵阳乌当地质实习对乌当背斜的观测中,顺着乌当背斜南翼由西向东,地层依次显示出由南西、南、南东、东直至北东向倾斜,展示了地层产状由褶皱翼部向转折端有规律的变化。

第二节　地　形　图

地形图是野外工作必不可少的工具。借助地形图可对一个地区的地形、地物、自然地理等达到初步认识。利用地形图可为野外工作路线、初步工作方案制订提供帮助。而且,地质填图工作也需要地形图作为底图。所以,在开展野外地质工作时,必须会正确使用地形图,熟悉地形图的相关知识。

一、地形图的基本要素

地形图主要由数学要素、自然地理要素和社会经济要素组成。数学要素包括地图投影、比例尺、坐标网格、测量控制点等;自然地理要素包括水系、地形、土质、植被等；社会经济要素包括居民地、道路、行政区划界线等；另有其他辅助要素，如资料说明、辅助图表等。

二、地形图的主要用途

我国把 1∶10000、1∶25000、1∶50000、1∶100000、1∶250000、1∶500000、1∶1000000 等 7 种比例尺地形图规定为国家基本比例尺地形图。比例尺越大，地形图内容越详细。各种比例尺地形图在国民经济、国防、科学文化和教育事业等各方面满足不同需要。

1. 大比例尺地形图

大比例尺地形图一般通过实测或航测方法成图。由于比例尺大，能详细反映地理要素，有反映质量和数量特征的详细注记，如高度、深度、宽度、速度、时间和各种质量、类别的说明等。其中 1∶10000 地形图是国家重点工程建设和农田基本建设的主要用图，1∶25000、1∶50000、1∶100000 地形图是国民经济建设的基本规划设计用图，可用于各部门较小范围的规划设计、矿产勘查和经济开发利用等。它们是编制 1∶250000 和 1∶500000 比例尺地形图的基本资料，也是编制大比例尺专题地图的工作底图。

2. 中比例尺地形图

中比例尺地形图根据大比例尺地形图编制而成。在图上以反映地面要素总体特征为主，细部特征不如大比例尺地形图详细。可供各经济部门进行较大范围、较大工程的总体规划设计参考使用。它们是编制 1∶1000000 地形图或普通地图的基本资料，也是编制中比例尺专题地图的工作底图。

3. 小比例尺地形图

小比例尺地形图根据较大比例尺地形图编制而成。由于比例尺较小，在编图过程中经过较多的制图综合，内容简略，主要表示各要素的总体特征。在国民经济建设中，可作为了解国家基本自然条件，进行资源开发利用，以及经济规划用图。它是编制小比例尺普通地理图的基本资料，也是编制各种专题地图的底图。

三、地形图的使用

1. 地形图的阅读

阅读地形图的目的是了解、熟悉工作区的地形情况，包括对地形和地物的各个要素及其相互关系的认识，因而不仅要认识图上的山、水、村庄、道路等地物、地貌现象，而且要能分析地形图，把地形图的各种符号和标记综合起来连成一个整体，以便利用地形图为地质工作服务。

在使用地形图前，首先要阅读图名、图号、图外说明要素等，获得地形图的比例尺、基本等高距、平面和高程坐标系统等基本信息。然后，根据图名、图号获得图幅所在位置，这是分析区域地带性规律和区域特征的基础。

地形图中最核心的自然地理要素和社会经济要素是阅读的重点。通过地形图阅读，熟悉工作区水系、地形和土质植被，进而对其分布特征如水系流向、山体形状规模、土质植被分布范围和面积等进行总结和分析。同时，熟悉工作区主要的居民聚集地、学校、工矿、交通网络、行政区划等社会经济情况，初步了解工作区经济发展水平。

通过对地形图的系统阅读，可对工作区的自然地理和社会经济情况进行初步把握，为野外工作的设计和实施提供总体认识。

2. 利用地形图定向

利用地形图开展野外工作时，首先要进行地形图定向。通过定向可使地形图上的地理事物与实地对应，这样才能根据地形图确定点位，并对照地形图观察工作区实际情况和进行地质填图等野外工作。

地形图定向可利用线状地物进行，如根据野外观察的公路、河流等线状地物，转动地形图使图中地物的延伸方向与实际方向一致，并观察线状地物两侧地形等与图中一致即可完成。此方法较为简便，是野外考察常用的方法。

当根据地物定向存在困难，或野外工作对地形图定向要求较高时，可利用罗盘进行野外定向。使罗盘南北两端的连线，与地形图上的真子午线或坐标纵线重合，然后将地形图与罗盘一起转动，当磁针北端指向相应的偏角(磁偏角)位置，此时地形图即已定向。

3. 利用地形图定点

完成地形图定向，还要确定观察者站立点或观测点在地形图上的位置(即定点)后，才能开展工作。可利用观察者所处的明显地物(如房屋、桥梁、塔座等)迅速定位，也可根据地物点与观察者的距离和方位确定位置。若观察者周边无明显地物，则可根据所处位置的地形特点(如山顶、沟谷、山脊等)及其组合关系进行准确定位。

总之，野外定点时首先观察周边的明显地物(尤其是点状地物)，并结合周围地形地貌和地物等的组合特征，然后根据观察点与周边地物、地形组合的距离和方位关系，以准确的定向和比例尺换算完成点位确定。

第三节　GPS

随着信息技术的发展，GPS越来越多地被用于野外工作。如今，手持GPS接收机(图 1-3)已能达到 3～5m 甚至更高的定位精度，且其体积小、操作简便，并能实时显示坐标，记录航点轨迹和导航，成为数字化填图的必备工具。因此，GPS 的应用和开发已成为当前和今后野外地质工作的重要内容。

图 1-3　手持 GPS 接收机

一、基本工作原理

GPS 即全球定位系统(global positioning system)，就是利用 GPS 定位卫星，在全球范围内实时进行定位、导航的系统，主要由空间部分、地面控制系统和 GPS 接收机组成。

空间部分由 24 颗卫星(21 颗工作卫星和 3 颗备用卫星)组成，卫星位于距地表 20200km 的上空，均匀分布在 6 个轨道面上(每个轨道面 4 颗)，轨道倾角为 55°，运行周期 12h，使得在全球任何地方、任何时间都可观测到 4 颗以上的卫星。

地面控制系统负责收集由卫星传回的讯息，并计算卫星星历、相对距离、大气校正等数据。

GPS 信号接收机为用户设备，通过捕获按一定卫星截止角所选择的待测卫星，并跟踪这些卫星的运行，然后根据捕获到的卫星信号，测量出接收天线至卫星的伪距离和距离的变化率，解调出卫星轨道参数等数据。利用这些数据，接收机中的微处理计算机就可按定位解算方法进行定位计算，得出用户所在地理位置的经纬度、高度、速度、时间等信息。接收机硬件和机内软件以及 GPS 数据的后处理软件包构成完整的 GPS 用户设备。

二、地质应用

手持 GPS 接收机默认记录的坐标是 WGS-84 坐标系统，而在实际工作中常常要求使用国家坐标系(如北京 54 坐标系或西安 80 坐标系)或地方独立坐标系，所以要想通过 GPS 获得所需的坐标系，就必须进行坐标转换。坐标转换一般通过取得观测区内具有两套坐标系统坐标的公共点，再利用相应的计算公式或利用第三方软件完成。

手持 GPS 接收机在野外地质调查中常从点、线、面角度出发，用于野外定点、路线导航、面积计算等方面。

1. 野外定点

野外区域地质调查中的一项重要内容就是在地形图上标定地质点(如岩性点、岩性分界点和构造点等)。传统地质填图一般根据地形图上的特征点，如建筑物、采石坑、道路、高压线以及山顶、山脊和山谷等进行地质点定位。然而当地形图上特征点较少或所在位置远离特征点时，这种方法就容易产生较大误差。相对于传统的利用地形图特征点或结合地形图特征点和航片标定地质点的方法，利用手持 GPS 标定地质点具有精度高、速度快的优势，可大大提高地质填图的工作效率。

2. 导航

利用地形图上特征明显的地物点，或结合航片等在地形图上标定出第一个精准地质点后，对该点进行手持 GPS 定位，并将其存储到航点表中。然后，在标定地质点时，就可以利用手持 GPS 的单点导航功能，不仅可以定位现在所处的位置距离上一个地质点(航点)的距离和方位，而且可以确定出该点到航点表中任何一个航点(已经在地形图上精确标定过的地质点)的距离和方位，从而实现比较准确地在地形图上标定出任一地质点。

当行进中需要经过多个航点时，如果仍然采用单一航点导航，由于终点的改变需不断输入新的航点名，导致工作极为烦琐。此时则可通过把航点按一定顺序编制成一条航线，采用航线导航，GPS 就能自动切换航点，而不需要多次手动输入新航点名以进行多次单点导航，从而提高工作效率。

3. 计算多边形面积

利用 GPS 手持机多边形面积计算功能，可根据需要对储存于航点表中的航点进行整理，对其围成的多边形进行面积计算。多边形面积计算常用于地质填图成果整理阶段，通过计算工作区某一地层或岩性的分布面积，用以进行区域地质资源或进一步地质工作的规划和设计。计算多边形面积的精度取决于组成该多边形的航点数目，航点数目越多，所计算出的多边形面积越精确。

第四节　其他野外地质装备

除地质罗盘、地形图及手持 GPS 外，野外地质工作根据工作区域和工作内容不同，还将用到其他诸多装备，这里简述一二。

一、地质锤

地质锤是地质工作的基本工具之一。地质锤选用优质钢材制成，其样式有时随工作地区岩石性质以及工作目的不同稍有差异。多用于火成岩地区的地质锤，一般一端呈长方形或正方形，另一端呈尖形或楔形。在沉积岩发育地区，常用一端呈鹤嘴形的地质锤。根据用途不同，地质锤也按重量分为轻型和重型等。在使用地质锤时应选择合适的类型并戴上护目镜。

二、放大镜

手持放大镜是详细观察岩石、矿物、化石等的必备工具。按放大倍数一般有10 倍、15 倍和 20 倍，部分放大镜上还设计有简易光源便于标本观察。使用放大镜时要确保处于安全稳定的地方，先裸眼观察标本中的新鲜面，找到代表性观测点，将放大镜置于距眼约 0.5cm 处，逐渐移动标本或放大镜，直到观测点完成聚焦，通常会移动 1～4cm。野外观察时，由于观察面或点并不固定，所以需要对观察位置进行不断调整。

第二章 地 质 填 图

第一节 基 本 要 求

一、基本术语

地质填图简称填图，是按一定的比例尺及统一的技术要求，将各种地质体及有关地质现象填绘于地理底图之上，而形成地质图的工作过程。

地质填图主要分区域地质填图和矿区地质填图，主要区别在于：

(1)区域地质填图的工作范围是按国际统一划分的规则图幅，即按一定的经纬间距(国境区和特殊工作目的区除外)设定的，其宏观性、基础性和理论性较强，是国土资源调查的主要手段，并作为国家战略性资源普查和制订中长期发展规划的重要科学依据，其成果是以图幅为单位向国家、社会提供印制精美的图文产品。

(2)矿区地质填图又称地质测量，其工作范围依矿区或矿床地表的自然分布情况而划定，其专用性强；填图单位划分更为精细，低级别填图单元(单位)及非正式填图单元(单位)在图中丰富多彩，往往占其主体，矿体、矿化带的产状、延伸方向等观测数据准确，成为下一步工作的可靠依据，因此往往匹配一定数量的槽探或浅井等轻型山地工程配合填图工作，并侧重矿化类型、矿床地质、矿田地质特征的研究，扩大矿床规模、增加找矿远景和找矿潜力的研究，是地方部门或矿山企业为加快矿产勘查开发进程及自身发展而投资设立的。

(3)此外，二者的工作方法亦有所不同，除了沉积成因的矿区外，矿区填图往往增加了露头观测、界线追索、剖面测制及工程揭露工作量等。

二、填图比例尺

区域地质填图的比例尺一般为 1∶250000 和 1∶50000，更小比例尺的地质图大都是在 1∶250000 和 1∶50000 地质填图的基础上进行编制的。

矿区地质填图的比例尺较多，选择灵活，常与矿床类型及其规模、地质复杂程度及工作阶段等有关。其比例尺一般包括 1∶50000、1∶25000、1∶10000、1∶5000、1∶2000、1∶1000 和 1∶500 几种,金属矿产的填图比例尺一般为 1∶2000～1∶10000，非金属矿产的填图比例尺一般为 1∶5000～1∶50000，矿区地质填图属专门性填图阶段。

三、一般精度要求

地质填图的精度与填图比例尺大小有关，比例尺越大，精度要求越高。而不同比例尺的地质图，其图面上最小地质体的规格要求则是一致的，即成图后，地质图上最小地质体的大小是相同的。因此，这里以成图后，地质图上所反映的地质体的形态大小来讨论地质填图的一般精度要求。

(1)等轴状、类等轴状闭合地质体成图后直径≥2mm 时，条状、带状地质体成图后宽度≥1mm、长度≥5mm 时，线形地质体(如断层、节理等)长度≥5mm时，必须划分，填绘在地质图上。如 1∶10000 地质填图中，宽度≥10m、长度≥50m的条带状地质体须单独填绘；直径≥20m 的闭合地质体须单独填绘。

(2)对于小于上述成图规模的地质体，但具有重要意义时，如控矿层、含矿层、找矿标志层、特殊地质事件层(体)及各类专门性调查的目的地质体等则不受此限，要酌情放大表示在成果图上，但应在图上附注放大的情况。如用(K×5，C×5)表示宽长均放大 5 倍等。

(3)对于基岩区内的第四纪地层应视填图的目的任务决定其精度要求。一般表达精度比其他地质体要放宽 4～10 倍。而特殊事件层及特殊目的的填图例外。

(4)无论何种比例尺地质填图，其地质路线的观测记录均为连续的，不允许间断进行。

填图精度是衡量填图质量的重要指标，不论何种比例尺的地质填图，必须满足精度要求，这是保证填图工作质量和效果的必要条件。

第二节　地质填图的原则与工作程序

一、地质填图的重点与基本原则

地质填图的重点是基本查明图(测)区的地层层序和构造格架，以图件为最终成果的区域地质图应重点突出，内容丰富，以反映图(测)区最大限度的地质构造及矿化信息量为基本原则。对于矿区地质填图，有如下重点和应遵循的基本原则。

1. 突出"矿产及有关信息"的原则

矿产信息是矿区地质填图的主要表达对象，应详尽反映。对所有矿产、矿化直接信息应全部反映在图上，与矿化有关的间接信息也应尽可能表示。除了矿区已知的主矿种等有关信息作为填图重点之外，还应根据成矿元素的共生组合规律及成矿作用的多期性复合特点，结合区域成矿背景，注意其他矿产信息的收集，尽量减少顾此失彼现象，做到对矿床价值和找矿远景的客观评价。

2. 实行"详尽的实体填图"原则

实体地质填图就是以岩性特征为依据划分填图单元(单位),客观翔实反映测区岩石-构造面貌,减少各类人为的归并、推测及不必要的综合因素干扰的填图方法,相当于区调"组图"的细化。其主要表达方式为大量使用和详细划分各类非正式填图单元(单位),研究其含矿性。

3. 树立"矿区的系统性"填图思想

把矿区作为一个统一的物质场来研究,突出物质场的变化规律和成矿规律研究,系统采集各类测试鉴定样品。注意研究测区各类岩石单元(单位)的相互关系、地质体的平面几何关系、控矿构造、矿田(矿床)构造、有益组分的带出带入规律、地球化学过程以及成矿后的保存条件。揭示矿床成因、成矿物质来源、成矿热源、矿区应力作用方式及应力场变化规律等成矿规律,进而指导布置下一步矿床勘探工作。注意与其他矿区工作的紧密配合,达到相互补充、相互验证、相互促进、协调运行的目的。如与矿区山地工程、异常查证、土壤测量工作的配合等。

二、非正式填图单元(单位)的使用

除区域地质填图应采用非正式填图单元(实体填图)外,矿区地质填图同样适宜于采用"实体填图方法",矿区填图应达到比区调"组图"的填图单元划分更精细的客观要求。为此,非正式填图单元的大量使用成为矿区地质填图的关键。

1. 非正式填图单元(单位)的使用原则及其意义

非正式填图单元(单位)是指那些无须进行正式命名的局部性岩石单元(单位)或其研究程度不够,暂时不能进行正式命名的填图单元。划分非正式填图单元主要是为了突出和有效地补充说明正式填图单元(单位)区域宏观一致性的局部特殊性的不足,更准确全面地反映图区的岩石单元(单位)面貌,丰富填图内容,提高岩石单元的表现力和地质图的实用性。

非正式填图单元的使用与划分等级,应以低级别为主,尽量使用段、层级小型单元或无级别单元,以真实反映矿区特殊面貌为原则。组级以上单元的使用,应主要参考区域资料,尽量少用非正式组(无组群除外)级单元。

2. 非正式填图单元的划分与命名方法

非正式填图单元包括:非正式(沉积)岩石地层单元、非正式侵入岩石单元、非正式构造岩石单元、非正式构造-地层单元、非正式变质岩石单元及非正式成因单元等几种。其命名方法如下。

(1)对于有级别的非正式岩石地层单元,如组、段、层,一般以岩石的典型特征或(主体)岩性特征加组、段、层命名为宜，尽可能少用顺序号(如第一段、第二段等)及层序命名(如上岩组、中岩组、下岩组)方法，突出其岩石的直观性特征，如砂岩组、页岩组、基性火山岩组、酸性火山岩组、黄铁矿化泥质岩组、硅化石灰岩段等。这样可以避免与过去非正式年代地层单元命名(如上面提到的上岩组、中岩组、下岩组)方案的混淆。当然，若在较高一级的岩石单位中出现两个以上无法区别的同岩性低级单元时，亦可以在岩性之前冠于上、中、下等字样，分别命名，如下部火山岩组、中部碎屑岩组、上部火山岩组。此外，非正式岩石单元的命名，尽可能不要出现地理专名，避免与正式单元混淆。

(2)对于无须正式命名的非正式填图单元，岩石的特殊性识别标志成为其划分与命名的依据和准则。如岩性、形态、颜色、矿化、风化特征、经济意义、实用意义、典型成因、结构、构造、蚀变特征等。

(3)各岩类的具体划分命名意见。

沉积岩类：包括特殊成分层、特殊标志层(鲜明色调层、遥感影像标志层、沉积或成岩结构构造等)、特殊形态的岩石地层体(楔状、舌状、透镜状、丘状、原始倾斜状或其他不规则形态的岩石地层体)、特殊成因的岩石地层体(如生物礁、生物骨架灰岩、风暴沉积、等深流沉积、饥饿段、古风化壳、古土壤层、古文化层、冰积层等)、矿化层［各类矿体、矿化体、矿化层(带)、含矿层(带)、各类矿化蚀变带等］等均可作为非正式岩石地层单元进行直接划分命名。

岩浆岩类：可以在原区域资料的基础上，按其岩性、颜色、矿化蚀变特征、原次生构造发育特征、包体特征、矿物成分变化、结构构造等进一步划分非正式岩石单位或无级别岩石带等其他非正式填图单位，注意小型独立侵入体的划分，注意细分岩体，避免岩浆杂岩类的出现。特别要注意与成矿有关的岩性、岩体和其他单位的划分与命名。还要特别注意各种脉岩，甚至脉体的划分和圈定。

中深变质岩类：浅变质岩类参考沉积岩、岩浆岩类的划分与命名方法并结合变形特点、蚀变特点进行划分与命名。对于中深变质岩类除考虑变形特征和蚀变特点之外，还应考虑特征变质矿物、特殊颜色、特殊组构和特殊岩性等进行划分与命名。这类填图单位属于构造-地(岩)层或岩石单位范畴。

构造岩类：构造与成矿关系十分密切，对矿区地质填图，特别是内生矿产来讲，构造岩的详细划分与命名与矿化信息几乎有同等重要的意义。可按碎裂岩类和糜棱岩类统一的分类方案，结合其变形强弱、构造发育程度、构造岩形态以及矿化蚀变特征等进行灵活划分与命名。如强碎裂火山岩、断层角砾岩、含矿破碎蚀变岩、超糜棱岩、构造片麻岩、L构造岩、S-L构造岩、S面理密集带、劈理密集带等。

此外，还可以根据岩石的典型成因特征(结构、构造、成因组合)，划分一些非正式岩石成因单位；第四系还可以划分一些岩性-地貌-成因单位，这些单位对现代砂矿区填图至关重要。

三、填图工作程序

按照任务要求和工作精度的不同可将区域地质调查分为小、中、大 3 种比例尺。小比例尺地质调查主要是指 1：500000、1：1000000 的地质调查，往往是先期布置的、概略地查明区域地层、岩石和构造特征以及成矿远景区的工作项目，相应的工作精度不高。中比例尺的地质调查系指 1：100000、1：250000 的地质调查，一般部署在较有利的成矿远景区内，其主要任务是比较详细地查明区内地层、岩石、构造特征及矿产分布规律，发现有利的成矿地段或矿床(点)，其工作精度大大高于小比例尺的地质调查。大比例尺的地质调查指 1：50000 或大于1：50000 的地质调查，往往是针对有利的成矿地段以及特殊关键的地质构造部位而进行的，主要目的是详细查明测区内的地层、岩石、构造以及包括矿产在内的其他各类地质体的特征、分布及其相互关系，并研究它们的形成、发展和演化历史，相应的工作精度很高。

尽管可将区域地质调查划分为 3 种不同的比例尺进行，不同比例尺的地质调查和填图的任务和工作重点不同，但它们的工作程序和各阶段工作的基本内容是一致的。过去根据工作性质的不同，粗略划分为准备阶段、野外填图阶段和室内整理阶段。现在一般按立项论证、设计编审、地质填图、成果编审及出版准备 5 个程序进行。

各阶段的工作重点不同，但又有密切的联系，它们之间的关系可用图 2-1 加以概括。其中，地质填图是整个区域地质调查工作的主体，是取得第一手野外实际资料的重要阶段；而成果编审是区调研究的深化和提高阶段，要重点突出新成果、新认识、新方法。

第三节　地质填图准备工作

一、资料的搜集、整理和研究

在区调项目立项后，要进行前期准备，编制设计。要求系统地搜集、整理和综合研究图(测)区内以及邻区的前人工作成果，了解区内的地质矿产概况、野外工作条件及地质矿产的研究程度。搜集资料的内容有：

(1)有关图(测)区及邻区的地质矿产工作成果，如地质、矿产、物化探、水文地质等专题科研报告，公开发表或内部交流的学术论文及有关图件、实际资料等。

(2)有关图(测)区内的人文、经济、地理及交通概况。

(3)前人在图(测)区及邻区工作中采集的矿物、岩石、古生物等标本和切片等实物资料。

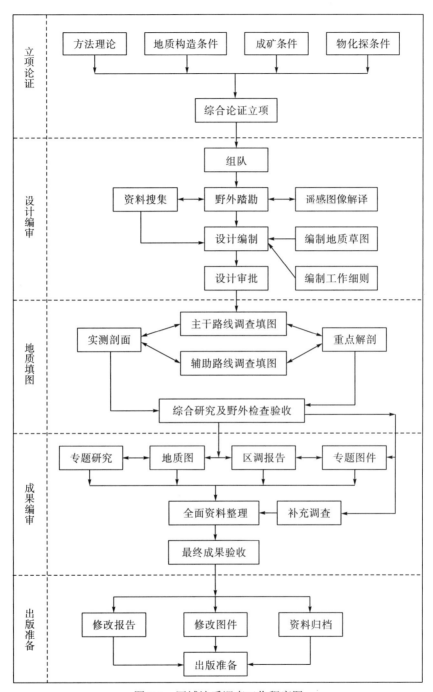

图 2-1　区域地质调查工作程序图

对所搜集的资料应分门别类加以整理，编制资料文献目录，建立资料档案。然后应当及时进行审查评价和综合研究，确定资料的实用价值，最大限度地开发利用这些资料。

二、地形底图的准备

地形底图作为野外填图的手图、实际材料图和地质图的底图，其精度和质量的好坏直接影响填图和制图的质量。因此，区域地质调查对地形底图有严格的要求：

(1)野外工作所用地形图的比例尺应比最终成果图的比例尺大一些。如1：250000区调使用1：100000或1：50000地形图；1：50000区调使用1：25000或1：10000的地形图。

(2)国家测绘机关批准出版的相应比例尺的地形图，基本上能满足填图的精度要求。除特殊情况外，一般不允许使用将较小比例尺的地形图放大使用。

(3)应准备数量充足的地形底图以满足野外填图和编制各种成果图的需要。

三、航卫片的准备与解译

航卫片可以提供非常有价值的地质构造和矿产信息。卫片视域广阔，可以宏观地反映地质体的空间分布特征和相互关系，对于了解区域地层分布规律及构造格局有重要的帮助。而且卫片有较强的深部透视效应，可以反映隐伏的地质构造和成矿信息。航片比例尺大，能清晰地反映各类地质体的分布特征。应尽量搜集时间新、比例尺大、质量好的航卫片，以满足区调工作的要求。野外地质填图之前必须系统地对其进行地质构造和成矿信息解译。航卫片的解译以往主要是利用目视解译，一般在立体镜下进行，现已逐渐发展到计算机辅助解译，通过解译最后编制地质构造解译图。

第四节 地质剖面测制

一、实测剖面的目的、任务

在区域地质调查(或矿产勘查)中，有各种类型的地质剖面需要测制。测制地质剖面的目的和任务是：

(1)地层剖面：为了了解沉积序列的岩石组成和结构、划分地层、建立填图单位。要求进行详细分层、描述，系统采取岩矿、古生物、岩石地球化学等样品，研究地层的接触关系及时代，必要时采集人工重砂样品进行重矿物组合特征研究，运用宏微观相结合的方法研究地层的各种地质特征、划分岩石地层单位，为路线地质调查和填图以及多重地层划分、对比打下基础。实测沉积岩地层剖面一般在野外踏勘之后、野外地质填图之前进行。实测剖面应选择在地层出露较完整,接触关系与标志层、相带清晰,构造相对简单的地段测制。

其目的是通过研究岩石物质及矿物成分、结构构造、古生物特征及组合关系、含矿性、标准层、沉积建造、地层组合、变质程度等,建立地层层序,查清厚度及其变化,接触关系,确定填图单位。

(2)构造剖面:着重研究区内地层及岩石在外力作用下产生的形变,如褶皱、断裂、节理、劈理、糜棱岩带(韧性剪切带)的特征、类型、规模、产状、力学性质和序次组合及复合关系。对研究区域构造的剖面,要通过主干构造剖面研究。

(3)第四系剖面:研究第四纪沉积物的特征、成因类型及含矿性、时代、地层厚度及变化特征、新构造运动及其表现形式。

(4)火山岩剖面:研究火山岩的岩性特征,与上、下地层的接触关系,火山岩中沉积夹层的建造,生物特征;火山岩的喷发旋回、喷发韵律,火山岩的原生构造和次生构造,确定火山岩的喷发形式、火山机构和构造。

(5)矿区勘查线剖面:分铅直剖面和水平剖面,此处仅指铅直剖面。在布设勘查剖面时,要照顾到整个矿床的各个地段,或兼顾相邻矿床。剖面线垂直矿体(床)走向线,间距一般与勘查网度一致。勘查线剖面主要反映矿体与围岩之间的界线,矿体中各种矿石自然类型和工业品级的界线,各种岩石之间的界线,各种构造界线;矿体的数量、分布、形状、大小、产状、厚度、矿石的自然类型和工业品级;构造控制和构造破坏等。剖面上标出探矿工程的种类、数量、位置、取样资料,从而可反映出勘查工作的工程控制程度、矿体圈定的合理程度、各地段的资源/储量类别。

二、剖面选择和布置原则

(1)地层剖面选择:应选在地层发育完整、基岩露头良好、构造简单、变质程度浅的地段。若露头不好或因构造影响,致使地层不全、界线不清时,可测制补充性的小辅助剖面。

(2)剖面布置:应基本垂直区域地层走向。地质构造复杂地区,剖面线方向和地层走向夹角应不小于60°。若地层产状平缓,其剖面宜布置在地形陡峭处。

三、测制剖面的基本方法和要求

1. 剖面踏勘

在剖面线基本选定之后,应沿线进行踏勘,了解露头连续状况、构造形态、岩性特征、地层组合、侵入岩的分布、种类、岩性岩相变化、接触关系,初步了解地层单元及填图单元的划分位置、化石层位、重要样品采集地点等。在此基础上确定总导线方位、剖面测制中导线通过的具体部位，需平移的地段和必须工程揭露的地区，以及工作中的驻地和各驻站的时间。

2. 剖面测制中人员分工

野外工作一般需要 5～8 人。人员大致分工为：

地质观察、分层兼记录 1 人；

作自然剖面、掌平面图(航片) 1 人；

前测手兼填记录表 1 人；

后测手兼标本采集 1 人；

放射性测量 1 人(根据实际情况而定，可不要)。

若人员充足时，记录和样品采集均可由专人负责。若测制古生物地层剖面，最好有古生物鉴定人员参加，变质岩地层剖面最好有岩矿鉴定人员参加，以指导化石、薄片样品的采集工作。

3. 剖面比例尺的选择及有关精度要求

剖面比例尺：根据剖面所要研究的内容、目的、岩性复杂程度等，精度要求视实际情况具体对待。一般情况下比例尺为 1：10000～1：500。

剖面上分层精度的要求：原则上在相应比例尺图面上达 1mm 的单位(厚度)均需表示。但一些重要或具特殊意义的地质体，如标志层、化石层、含矿层、火山岩中的沉积夹层等，其厚度在图上虽不足 1mm，也应放大到 1mm 表示，并在文字记录中说明。分层间距按斜距丈量。

剖面的平移：剖面通过区如遇有大片覆盖、天然障碍或因构造破坏造成测制意义不大的地段，则需要平移。平移应依一定的标志层进行。一般平移距离不大于 500m，否则应另行测制剖面。

四、剖面的具体施测

1. 地形剖面线的测量

地形剖面线的测量有仪器法和半仪器法两种。仪器法由测量人员负责测制；半仪器法由地质人员测制，以罗盘测量导线方位和坡度，以皮尺或测绳丈量斜距。注意将皮尺或测绳尽量拉紧，方向和坡角要用前、后测手测量的平均值，且要求两人测量数据差值不能过大。

2. 剖面记录

将测量数据和分层位置及时记入剖面记录表，并表示在平面图上，二者相互对照互相吻合。剖面记录表如图 2-2 所示。

工作区		剖面编号						剖面位置或起点坐标							
地质观察点号	导线号	导线方位角	导线距(米)			坡度角±	高度	累计高度	岩层产状及位置			导线方向与倾向的夹角	分层代号	分层厚度	累计厚度	岩层名称	标本编号	样品编号	备注
			斜距	平距	累计平距				倾向	倾角	距地质点距离								
1	2	3	4	5	6	7	8	9	10	11	12	13	14	15	16	17	18	19	20

参加人　　　　　　　　　　记录人　　　　　　　　　　　　　　　　　　年　月　日

填表说明(附在封面的背后)

图 2-2　实测地层剖面记录表

3. 注意事项

(1)应在所测量的产状上方标注"层""片""接""节""断"等简称，以表示"层理""片理或片麻理""接触""节理""断裂"等的产状(以下有关表同)，填入 10、11 栏。

(2)应在标本、样品编号前冠以相应的代号，以表示其种类，填入 18、19 栏。

(3)根据剖面测制的目的，按需要配以物探、化探工作。

(4)剖面上样品采集工作：应根据剖面研究的目的，系统采集岩石薄片样、各类岩矿标本、岩石化学、人工重砂、古生物样等。特别注意矿化地段样品的采集，严防漏矿现象发生。

(5)沿剖面线用定地质点的方法控制剖面起点、终点、转折点、重要地质界线、接触关系、构造关键部位和矿化有利地段等。地质点和分层号、化石及主要样品应用红漆在实地标记，并准确标绘在图上。

(6)居民点、河流、地形制高点、主要地物及探矿工程等，应以适当方式标注于平面图和剖面图上。

(7)在剖面通过部位，遇到有意义的地质现象应画素描图或拍摄地质照片，并在记录上记明地点、时间和需要说明的内容。遇到构造，特别是可说明大褶皱构造的次级褶皱构造，应在小构造具体出现位置的剖面图上方，用特写方式附上小构造形态特征素描图，如图 2-3。

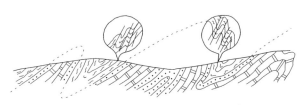

图 2-3　小构造在剖面上的表示方法

五、剖面图的绘制

剖面图的绘制常用的有展开法和投影法两种。当导线方位比较稳定时多用展开法，当导线方位多变、转折较多时宜用投影法。

1. 展开法

在导线方向变化不大时，用展开法绘制剖面图。将各次所测的不同方向的导线，按其斜距和坡度角依次连接。在每一导线的起点标注导线方位角，分层等位置就是野外投影在导线上的斜距读数，导线上用真倾角按换算后的视倾角绘制。但产状为实测倾向、倾角，见图 2-4、图 2-5、图 2-6。展开法绘制剖面图时，下方的导线平面图意义不大，成图时可以忽略不绘。

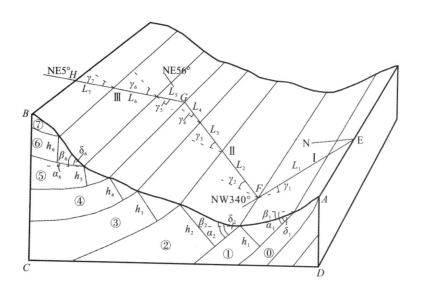

图 2-4　地层产状、地形坡度与导线关系立体图

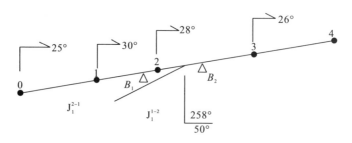

图 2-5　展开法实测剖面图

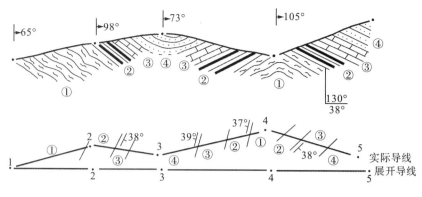

图 2-6　导线展开法剖面图作法

2. 投影法

导线方向多变、转折点较多时，用投影法(二次投影)绘制剖面图。首先在图纸的下方，绘出一条代表剖面总体方向的水平投影基线，然后把各种地质要素标绘在这条基线的相应位置上，构成路线地质图，如图 2-7 所示。路线地质图是根据导线计算的平距和方向所绘。根据各地质要素在剖面导线上的斜距，换算为平距后，绘于导线平面图的相应位置上，地质界线则绘出走向线或分层界线，其他地质要素(如产状、标本等)，按规定的图示标注在平面图上。

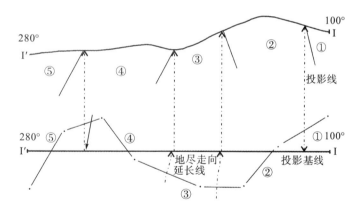

图 2-7　两次投影法绘制剖面图作法

当导线方位转折不大时，每条导线方向和剖面总方向基本一致，也就是说和地层走向接近垂直，则可将平面图上地质界线与导线交汇点直接投影到剖面图上，进行剖面绘制。此法也称一次投影法。

如：实测导线 0～1 斜长 20m，方向 31°，坡度＋5°；

导线 1～2 斜长 15m，方向 29°，坡度＋8°；

导线 2～3 斜长 21m，方向 30°，坡度＋10°；

导线 3～4 斜长 18m，方向 31°，坡度＋6°；

总剖面方向为 30°。

根据各导线斜长和坡度，计算得出各导线平距和导线两端高度。

导线 0～1 平距＝20×cos5°＝19.92m，高差 20×sin5°＝1.74m；

导线 1～2 平距＝15×cos8°＝14.85m，高差 15×sin8°＝2.09m；

导线 2～3 平距＝21×cos10°＝20.88m，高差 21×sin10°＝3.85m；

导线 3～4 平距＝16×cos6°＝15.91m，高差 16×sin8°＝1.67m。

依据上述数据绘制成剖面图，见图 2-8。

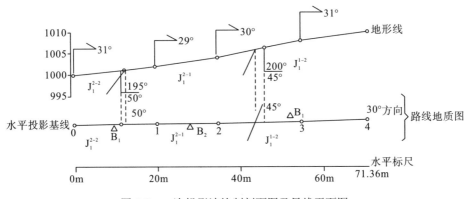

图 2-8　一次投影法绘制剖面图及导线平面图

投影法绘制剖面图较展开法复杂，但仍可在野外绘制，成图后剖面上的地层厚度基本上反映了地层真厚度，构造要素和形态特征基本符合实际。缺点是剖面地形轮廓线有所歪斜。

关于投影基线的确定方法，在投影基线与剖面线总体方位相一致，即在垂直或基本垂直地层走向的原则下，其常用方法有以下几种：

(1) 投影基线通过各条主要导线。见图 2-9(a)。

(2) 导线起始点的连线。但必须是测置导线较均匀地分布在投影基线两侧。见图 2-9(b)。

(3) 导线加权平均法求投影基线方位(导线平均方位)，公式：

$$\theta = \frac{L_1\theta_1 + L_2\theta_2 + \cdots + L_n\theta_n}{\sum_{i=1}^{n} L_i}$$

式中，θ——投影基线方位角；

　　　θ_i——各导线方位角；

　　　L_i——各导线长度；

　　　n——导线条数。

在求得投影基线方位角 θ 值后，再选择投影基线通过主要导线的位置，并按 θ 角值标定投影基线。

(4)几何作图法[图 2-9(c)]：依次连接各导线的中点，再连接第一次连线中点、第二次连线的中点，最后形成一条直线，再进行计算(柱状图中可表示岩性相变或说明厚度的变化，不可采用两翼岩层中较大厚度的单层建立柱状图)。

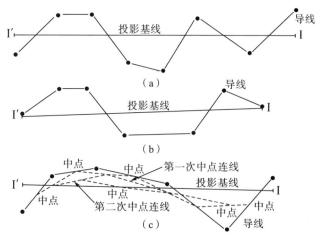

图 2-9　投影基线选定法

3. 地层真倾角换算为视倾角

在剖面图中，地层走向与剖面线方向不垂直时，在剖面图上地层产状以视倾角表示。其产状数字表示仍为真倾向、真倾角。

4. 实测剖面图中表示的主要内容

实测剖面图上应有图名、图例、比例尺、剖面起点坐标、方位、垂直标尺、水平标尺、剖面图、平面图及责任签等。具体要求为：

(1)导线平面图上表示的内容：方向、导线(长度以平距计)和导线号、地层界线、地层代号、岩浆岩代号、矿体蚀变带、断层、采样点、探矿工程、地质产状、各地质内容编号及代号、重要地物等。

(2)剖面图上的主要内容：剖面起点坐标、方位、垂直标尺、水平标尺、导线号、地层界线、地层代号、岩浆岩代号、岩性、矿体、蚀变带、断层、采样点及标本、样品编号、探矿工程、地质产状、各地质内容编号及代号、重要地物等。如有放大素描图应在剖面上方绘制并用箭头表示位置。

(3)剖面图必须和投影基线相平行。

(4)剖面图摆法：剖面的左端应为西、北西、南西、南；相应地在右端为东、南东、北东、北。

(5)如剖面经平移，则导线平面图上按平移的方向、距离另作起点。而剖面图仅按两点的高差决定起点的标高，水平方向酌情断开 1～2cm，以作图方便互不重叠为原则。

(6)如剖面测制中有电、磁测量及伽马测量等工作，若种类少或仅一种，可在剖面图上部作曲线图表示，但图中地质剖面应相互一致。

(7)剖面图布局可参照图 2-6。

六、地层厚度计算

地层厚度按各导线分层进行计算。

厚度计算公式：（注：公式适用于岩层倾向与测向夹角小于 90°）

$$D = L(\sin\alpha \times \cos\beta \times \sin\gamma + \cos\alpha \times \sin\beta)$$

式中，D——地层真厚度(m)；

L——导线斜距(m)；

α——岩层真倾角(°)；

β——地形坡度角(±°)；

γ——剖面导线与地层走向线的锐夹角(°)。

例如：某实测剖面中某段导线记录如下：

导线 2～3，斜距 25m，方向 35°，坡度＋10°；

0～5m：砂岩；

5～23m：白云质灰岩，产状 20°∠60°(20m 处)；

23～25m：黏土岩。

计算白云质灰岩层厚度：

$L = 23-5 = 18m$，$\alpha = 60°$，$\beta = 10°$，$\gamma =$ 走向 110°-方位 35°

代入公式有

$$D = 18 \times (\sin60° \times \cos10° \times \sin75° - \cos60° \times \sin10°) = 13.27m$$

七、剖面地质小结(总结)内容提纲

1. 前言

(1)剖面测制的目的。

(2)剖面线位置、方向、坐标、长度、测制方法。

(3)工作起始、完成日期、工作单位及主要工作人员。

(4)完成主要工作量：剖面长度、工程工作量、标本××件、样品××件。

2. 地质成果

(1)简述剖面测制区的区域构造部位及地层、构造特征。

（2）依不同时代，由老到新分别对剖面所见地层进行叙述。

每一时代中地层可按地层组合单元总述其组合特征，再按不同岩性层详述其岩性、颜色、矿物成分、结构构造等岩石岩性特征，应详细述明岩层之间的关系，特别是不整合接触关系。

（3）岩浆岩及脉岩的描述。

（4）构造：断裂构造、褶皱构造，分别描述其类型、性质、规模、形态特征、断层对地层连续性的影响，控矿构造特征。

（5）矿产：对矿产应详述。

（6）新进展、新发现和新见解。

3. 存在的问题

略。

第五节　地质填图工作基本方法

一、填图路线的布置

地质填图中观察路线的布置，要以地质条件的复杂程度和要解决的主要地质问题为依据，在充分利用遥感图像资料解译的基础上，按照不同的基岩出露情况和穿越条件，精心布置。一般采用穿越路线、追索路线或两者相结合的方法进行填图。

1. 穿越路线

穿越路线为基本上垂直于地层（或地质体）、区域构造线的走向布置的填图路线。在观察路线上测制地质剖面、观察描述和素描各种地质现象并标定地质界线，路线之间用内插法、"V"形法或解析几何法则标定地质界线。穿越路线的优点是容易查明地层和岩石的顺序、上下接触关系、岩相的纵向变化以及地质构造的基本特征，且工作量较少。缺点是难以了解两路线之间的地质构造情况。

2. 追索路线

追索路线指沿地质体、地质界线或构造的走向布置的填图路线。主要用于追索特定的地层层位（如化石层、含矿层、标志层）、接触界线和断层等。可以详细地研究地质体的横向变化，是准确查明接触关系、断层及地层含矿特征的有效方法。

在野外实际填图过程中，两种方法需要灵活使用，必要时可结合起来布置填图路线。一般地，对于露头良好地段，应以穿越路线为主并辅以追索路线，可采用主干路线与辅助路线相结合的办法填图，露头不好或较复杂的地区要有针对性地布置追索路线。填图路线间距的大小应由填图精度要求和地质条件决定，以达到填图要求和解决主要地质问题为前提，不能机械地按网度布置或无根据任意放稀。一般情况下，填图的比例尺越小或地质条件越简单，填图路线的间距应越大；填图比例尺越大或地质条件越复杂，填图路线间距越小。比如，1∶200000 和 1∶100000 区调布置的路线间距一般分别为 2000m 和 1000m；1∶50000 区调布置的路线间距为 500m 或更小。

二、观察点的布置和标测方法

1. 观察点的布置原则

观察点的作用在于能准确地控制地质界线或地质要素的空间位置。其布置原则应是能有效地控制各类地质界线和地质要素。一般在地层的填图单位界线、标志层、化石点、岩相界线或岩性明显变化的地点，侵入体的界线、接触带等，节理、劈理、片理、断层和褶皱等构造要素的观测和统计地点，矿化蚀变带、矿体(矿点)等，岩性及产状控制点和各类采样点等均应有观察点控制。观察点布置密度应依据地质条件的复杂程度而定，不能平均等距性地布置观察点，否则不仅将会漏掉一些有重要地质意义的观察点，而且还会布置一些无效的观察点，从而影响布点的质量。

2. 观察点的标测方法

在地形图上标定观察点的位置必须力求准确，误差范围不能超过规范精度要求(一般要求在野外手图比例尺的图面上不超过 1mm)。当地形地物标志明确时，可直接目测标定点位；当微地形特征不明显时，则可利用手持式卫星定位仪(GPS)定位或用罗盘交会定位，即测量观察点与已知地形控制点(山头、村庄等)的方位关系，用后方交会法确定位置。

三、路线地质观察的程序和编录要求

(一)地质路线观察的一般程序

(1)标定和描述观察点的位置。

(2)研究与描述露头地质地貌特征。

(3)测量和标定地质体的产状要素及其他构造要素。

(4)采集标本和样品，并标绘在手图和信手剖面图上。

(5)向两侧追索和填绘地质界线。

(6)沿途连续观察和描述，并测绘路线剖面图(信手剖面图或素描图)。

(二)路线观察的编录要求

1. 野外记录

野外观察内容主要记录在野外记录本上，若是数字地质填图则直接录入掌上电脑中。野外记录本的使用要求是：右页做文字数据记录描述，记录项目有日期、观察路线编号及路线的起讫和经由地点、观察点编号及位置、地质观察内容和各种剖面数据、标本样品编号、照片编号，以及路线小结等。观察路线、观察点编号及标本样品编号应做到统一、顺序编录，并与手图、实际材料图吻合一致。记录本左页方格纸，供做信手剖面图或地质素描图之用。每册记录本均应在封面上贴上编录标签，并编制内容目录。

2. 地质素描及拍照

野外地质填图时，除文字描述外，必须要求测绘路线信手剖面图和各种地质素描图，以准确、生动地表达地质现象，并与文字描述相互印证。地质素描要求重点突出，各类地质体的接触关系清楚，地质要素齐全，标绘准确、整洁。一幅素描图要有比例尺、作图方位、岩性、产状等内容，并尽可能真实地反映地貌、地物特征。地质素描还应进行统一编号。

对于有重要意义和代表性的地质现象除要求地质素描外，还应尽量进行拍照，可作为地质素描的必要补充。对野外拍摄的地质照片也应进行详细的编录，在记录本或照片登记册中标明照片编号、拍摄地点和方位、摄影参数及拍摄的地质内容。

四、地质界线的确定及标绘

地质图是客观反映各种地质体的空间展布及相互关系的基础性资料，图上所表示的地质界线和各类地质要素必须在野外现场填绘，不允许在室内任意删改和连图。

1. 地质界线的确定

准确地标定地质界线是保证填图质量和图面结构合理的重要前提。在基岩裸露地区，可直接根据所划分填图单位的岩性、岩性组合标志及地质体的接触关系确定地质界线的位置。但多数情况下，基岩出露不全，地质界线常被掩盖，这时除在关键地段进行适当的人工揭露(探槽、浅井或制图钻)外，多是借助间接标志或其他方法确定地质界线。主要有以下几种：

(1)利用残坡积物判断地质界线：在残坡积物发育地区，常以残坡积物中某种岩屑出现的最高位置作为与不同岩性的界线所在地。但因情况复杂，运用时要慎重，如被埋藏的岩石不一定全部在残坡积物中出现；有些互层出现的岩层，会造成岩屑混杂，难以分辨。故只有对测区的标准地层、主要界线性质和构造状况等基本清楚时，运用此法才具有可靠性。

（2）利用地貌特征判断地质界线：当各填图单位的岩性有明显差异时，风化后在地貌上亦有明显的表现，在熟悉地层剖面的情况下，可借此确定地质界线。若有航片现场解译，则更是一种重要的间接确定地质界线的手段。

（3）天然生长的植被规律分布，常是基本地质界线所在，如沿断层面（带）呈带状分布的植被、在软岩层中植被茂盛等，往往是重要地质界线的位置。

2. 地质界线的标绘

在地质填图过程中，虽然对各种地质体不论大小都要求进行研究，但在图上只要求填绘按比例尺计算直径大于 2mm 的闭合地质体的界线和宽度大于 1 mm、长度大于 3 mm 的线状地质体的界线。如果小于上述限度，而又对了解该区地质特征或矿产有重要意义的地质体（如岩脉或断层），可按图的比例尺放大至1mm×3mm 表示在图上，并应尽量反映其真实的平面形态和产状。

标绘地质界线的方法：在确定地质界线的位置后，除由观察点控制的一段地质界线外，在视野能力范围内的地质界线，可选择地质构造转折部位，如地质界线通过山背及谷底的位置，按目标测定观测点的方法，遥测一些辅助控制点，然后将整段地质界线合理地连绘出来。如果露头不好或通视条件差时，则需作适当追索以填绘出地质界线。地质界线的填绘必须在野外现场进行，决不允许在野外只定点不连线，或者在两观察点之间以直线相连。应根据地质界面在地表出露线的真实形态，根据"V"字形法则，准确地填绘地质界线（图 2-10，图 2-11）。

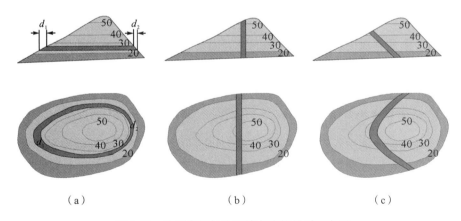

（a）   （b）   （c）

图 2-10 地层产状与地形等高线的关系示意图

(a)地层水平产出，地质界线弯曲方向及弧度与地形等高线一致，且地层出露宽度缓坡大于陡坡，即图中 $d_1 > d_2$；(b)地层直立产出，地质界线与地形等高线无关，且出露宽度为地层真厚度；(c)地层倾斜产出，介于上述两种情况之间，即地质界线为曲线，但弯曲弧度小于等高线，且地层倾角越小，弧度越接近等高线，反之则接近直线

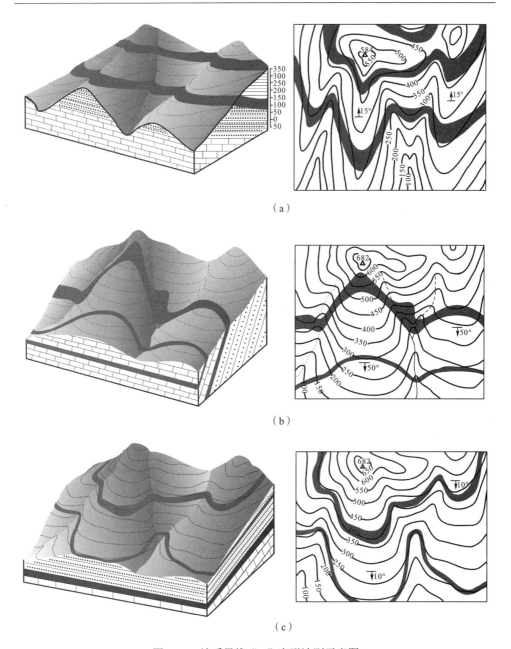

（a）

（b）

（c）

图 2-11　地质界线"V"字形法则示意图

左为立体图，右为平面图（地质图），地形等高距以 m 为单位。

（a）"相反相同"，立体上当地层倾向与地形坡向相反时，平面上地质界线弯曲方向与等高线相同，且弯曲弧度随

地层倾角增大逐渐减小；（b）"相同相反"，立体上当地层倾向与地形坡向相同，且地层倾角大于地形坡度角时，

平面上地质界线弯曲方向与等高线相反；（c）"相同相同"，立体上当地层倾向与地形坡向相同，且地层倾角小于

地形坡度角时，平面上地质界线弯曲方向与等高线相同，且弯曲弧度大于地形等高线

五、标本和样品的采集送样

1. 标本和样品的采集原则

(1)标本、样品的采集必须首先明确目的和任务。对要解决的地质问题，从需要与可能出发，以最少的工作量、最小的投资，取得较多和必不可少的成果，达到较好的实际效果。

(2)采集的各类标本、样品必须具有代表性。采集对象准确，数量恰当合理。

(3)采集的标本、样品应尽可能新鲜，并要及时做好编录描述及整理。

2. 标本和样品的采集方法

(1)采集标本的规格以能反映实际情况和满足切制光、薄片及手标本观察需要为原则。代表测区岩石、地层单位的实测剖面上的陈列展示标本，一般要求体积不小于 $3cm \times 6cm \times 9cm$。岩矿鉴定标本可适当减少。对于矿物晶体、化石、反映特殊地质构造现象的标本，可视具体情况而定。

(2)定向标本：要求在露头上选择一定的平面，用记号笔画上产状要素符号(如 →25°)，然后再打下标本。为保证标本上有定向线，可在定向面上多画几条平行的走向线，以便敲下标本后，据以描绘产状符号。定向标本一般不必整修。

(3)岩石全分析样品：应选择新鲜、无风化、无污染的岩石露头采集，可采用造块法。对侵入岩可根据不同单元采集。对沉积地层，应垂直地层厚度连续打块，或按一定网络打块，然后合并为一个样。样品质量一般不少于 2000g。若有必要，采集全分析样品应同时采集岩石标本、薄片、微量元素样和稀土元素样。

(4)若不是研究风化作用或蚀变作用，微量元素、稀土元素样等亦应采集新鲜、无风化、无污染、有代表性的岩石作为样品。

(5)其他样品采集：需根据设计和相应样品的测试要求，按照一定的规格、数量和方法，采集符合质量的样品进行测试鉴定。

3. 样品和标本的编录和整理

(1)采集各种标本和样品均应有原始记录资料，同时在相应的图件文字登记表格上注明采样位置、编号，并填写标签包装，按类别、系统分别装箱，放入清单、送样单，及时送出。

(2)作岩矿鉴定的标本要涂漆上墨编号。切忌在岩石全分析、微量元素样、稀土元素样样品、标本上涂漆上墨，以免造成人为污染。

(3)对返回的测试鉴定报告，应及时整理、编录、分类清理，决定采纳取舍，并反馈到相应的样品标本登记表、送样单、野外记录、样品分布的各种实际材料图、剖面图、柱状图上，必要时应带到采样地对照观察。

(4)对于与野外认识有较大分歧的分析鉴定结果,室内也无法协调统一时,应及时向有关负责人汇报,研究处理,复查原因。

(5)送出分析鉴定及磨片加工的标本样品,都要分类填写送样单,一式3份,其中1份自留,作编录底稿;1份送分析及加工单位;1份随样品标本箱。

(6)对制作薄片、光片、定向切片的标本,需在标本上画上切制部位和方向。送出鉴定和加工的片子,必须在送样单上逐项填写要求和鉴定加工项目。

(7)要及时对标本样品的鉴定测试结果进行分析研究,与野外观察描述、各种图表及编录登记进行核对。

第三章　岩石的野外观察与描述

第一节　基本要求

地质点的观察、描述和记录是野外地质工作的重要内容。详尽、全面的野外记录是地质工作资料整理、分析和成果汇编的第一手材料，也是反映地质工作质量的重要依据。

一、寻找地质露头

露头是指出露地表，可直接观测到的岩石、矿体、地层、构造等地质体及其组合，也就是可以显示岩石岩性、构造、产状及其变化的地质观测点。露头是地质情况的真实反映，是野外地质观察的主要对象。

野外地质观察时，若无特殊目的，观察对象应为原生露头，即"生根"的岩石。所以，在野外必须要能识别原生露头，使之与风化碎石、搬运或滚落的石块区分开来。一般情况，山区岩石露头好于平原地区，且地形切割大的沟谷好于较平坦区域。同时，野外露头观察时，应注意地质现象的宏观性和系统性，即观察岩石露头是否连续出露及其变化规律。而且根据研究目的不同，对露头的观测也有所侧重，如以区调为主要目的的观察，除详细的露头点观测外，更应注意岩层(岩体)的整体空间分布特征；而矿区地质观测中，则需详细观察岩石露头的岩性、矿化特征及变化等。

地质露头根据出露原因分天然露头和人工露头。野外工作中除观察原生露头外，可多借助人工采石坑、沟渠、公路、铁路等剥露的人工露头。若根据工作目的和精度要求，现有露头无法满足工作要求时，需利用剥土、挖槽、掘井等手段揭露人工露头。

露头的描述要能如实反映露头点及周边出露特征，包括出露地层、露头出露原因、出露范围、面积、延伸情况、风化程度、覆盖情况及其植被特征等。

二、岩石野外观察要点

(1)若无特殊目的，应选择岩石新鲜面进行观测，并观察岩石风化情况。

(2)岩石观测时，首先根据岩石的矿物组合、结构构造、产状特征等，对岩石进行大类(岩浆岩、沉积岩、变质岩)划分；然后，再进一步仔细观察，对岩石进行分类、鉴定和命名，并做好岩性详细描述和记录。

(3)根据岩石出露总体特征，观察测量其代表性的、重要的结构构造，如花岗岩体的构造、沉积岩的波痕和层理构造、变质岩的面理等。观察和测量具有特殊意义的物质成分，如斑晶、包体、砾石等。

(4)观察测量岩石的产状，如岩石产出位置、形态、规模和大小、与周围岩石的关系、岩体内部的分带性等。

第二节　沉　积　岩

沉积岩是在地表分布最广的一类岩石，约占地球表面的 75%。在地质填图和工程地质勘察中，沉积岩是地质人员研究的主要对象。沉积岩种类繁多，岩性变化较大，但据其最显著的宏观标志层理，易于与岩浆岩和变质岩区分。

一、地层的观察与描述

(一)沉积构造

沉积构造是沉积岩在野外露头上最常见、最重要的成因标志。沉积构造类型繁多、成因复杂，在野外应注重对那些在沉积过程中形成并受沉积条件所控制的原生沉积构造的观察研究。沉积岩中最主要的沉积构造是层理构造，它是沉积岩与岩浆岩、变质岩最大的识别特征。

层理是沉积物沉积时产生的，通过颜色、成分、结构、排列方式等在垂直沉积表面(岩层面)方向上所显示出来的一种原生沉积构造。层理构造根据细层形态及其与层系界面(或岩层面)的关系，可划分为水平层理、平行层理、波状层理和交错层理等多种类型(图 3-1)；根据层内粒度和成分的变化，可划分为块状层理、韵律层理和粒序层理等类型。野外工作中，应注意从以下几方面观察描述：

(1)层理的形态，包括细层的形态特征和层系的形态特征。

(2)层理的成因，即有无颜色、成分、粒度等沿垂向的变化；有无颗粒的定向排列；有无包裹体、植物碎片、片状矿物顺层面分布或定向排列等。

(3)层理的类型，层理的形态特征和层系的厚度是划分层理类型的主要依据。首先，应根据细层的形态特征，细层与层系或岩层之间的关系，确定层理的基本类型，如波状层理、楔状层理、交错层理等；然后，根据层系的厚度确定层理的亚类，如小型板状交错层理、中型楔状交错层理等。

应当指出，在野外对层理观察描述时，要从不同的剖面方向进行全面观察，特别要注意寻找平行流水方向的剖面，以便准确地确定细层、层系的空间分布特征。此外，还要尤其注意不能混淆层理的厚度分类与岩层的厚度分类。

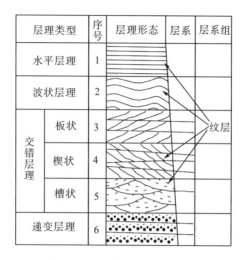

图 3-1　层理的基本类型及关系

　　层理的厚度分类是依据层系的厚度，将交错层理划分为小型（<3cm）、中型（3～10cm）、大型（10～200cm）和特大型（>200cm）四种类型，用以说明层理规模的大小，它的物理意义是代表其形成时河床砂形体的极限高度。层系厚度在描述时作为形容词放在交错层基本名称之前，如大型板状交错层理。

　　野外作剖面观测时，常用岩层的厚度分类。岩层厚度分类是按照上、下岩层面之间的垂直距离划分的，一般分为巨厚层（或称块状层，岩层厚度>1m）、厚层（1～0.5m）、中厚层（0.5～0.1m）、薄层（0.1～0.01m）和微薄层（<0.01m）五种类型，用以说明岩层单层厚度的大小，它的物理意义是代表了该岩层沉积时沉积速率的大小（图 3-2）。在描述时作为形容词，放在岩石名称之间，如厚层泥晶灰岩、中厚层石英砂岩。一个岩层之内可以包含一个或多个层系。

| 块状岩层 | 厚层岩层 |

图 3-2　岩层的厚度分类

| 中层岩层 | 薄层岩层 |

图 3-2　（续）

　　除层理构造外，沉积岩常保存了丰富的层面构造，它们成为识别岩层和反映岩石形成环境的重要标志(图 3-3)。

| 层理(粉砂岩) | 波痕(砂岩) |
| 波痕(钙质泥岩) | 印模(砂岩) |

图 3-3　沉积岩中常见的沉积构造和层面构造

| 冰雹痕(砂岩) | 泥裂(泥灰岩) |

图 3-3　(续)

(二)地层

地层观察、描述的主要内容是岩层的颜色、层厚、结构、构造和岩性特征等，一个分层或组的记述顺序一般为"颜色+层厚+结构构造+岩石"定名。例如：①灰白色中厚层-厚层粗粒石英砂岩；②青灰色中厚层鲕状灰岩；③黄绿色薄层泥质条带灰岩。

地层观察描述时应注意：

(1)岩层(岩石)的原生颜色与岩石的化学成分或矿物成分密切相关，岩层的颜色能反映部分沉积环境，但记述颜色必须以新鲜岩石的色调为准。

(2)沉积地层中生物化石是确定地层时代的重要依据，并且能够比较准确地判断沉积环境。岩石地层学的研究，并不意味着忽视古生物的研究，相反，还要尽力寻找化石，观察和采集化石，记述化石(包括遗体和遗迹化石)的类型、内容、保存状态等。

(3)观察和追索岩层或分层的几何形态(透镜状或层状⋯⋯)；纵向或横向变化情况；地层组合方式；不同岩性层所占比例(互层状、夹层状⋯⋯)以及旋回性的重复出现等。

(4)地层的接触关系。上、下地层单元之间是连续过渡的，或是突变的；是整合的或是不整合的；是平行不整合或是角度不整合；不整合面上是否见有风化壳或冲刷现象；推断其属于陆上不整合还是水下不整合⋯⋯

(5)在构造复杂地区，要随时注意地层的正常与倒转。交错层、冲刷现象、沉积韵律、示顶构造、劈理关系等都能够判断上下层面。

上述地层观察与描述内容，除了文字记述外，要多用素描图、示意图或沉积柱状图等记述，并在相应位置上标明采样位置和样品编号。

二、碎屑岩的观察与描述

碎屑岩又称陆源碎屑岩，是由母岩机械破碎产生的碎屑物质经搬运、沉积及压实胶结作用而形成的岩石。

（一）碎屑岩的物质成分及肉眼鉴定特征

碎屑岩主要由碎屑物质和填隙物质两部分组成。碎屑物质是碎屑岩的主要组分，含量一般超过 50％；填隙物质是充填碎屑孔隙的次要组分，按其成因可分为化学物质和杂基两种。碎屑岩的物质组成及胶结特征见图 3-4。

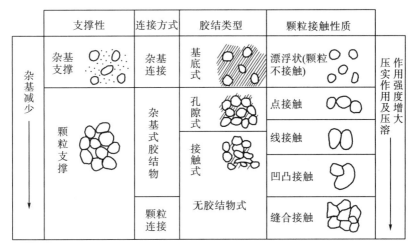

图 3-4 颗粒接触类型和胶结类型的关系

1. 碎屑物质

碎屑物质主要是来自沉积盆地之外的、陆地上搬运的碎屑，故又称陆源碎屑或外碎屑。它是母岩机械破碎的产物。碎屑岩中最常见的碎屑物质是石英、长石和各种岩屑，此外还有少量云母和重矿物。

2. 填隙物质

填隙物是指充填于碎屑孔隙中的物质。按成因可分为化学物质和杂基两类。两者在成分上可以相同，也可以不同。在肉眼条件下难以区分时，可笼统称为填隙物或广义的胶结物。

杂基的成分主要是各种黏土矿物和各种极细粒的碎屑物质。化学胶结物的种类较多，常见的有硅质、钙质、铁质、磷质、海绿石质等。常见填隙物的肉眼鉴定特征如下：

(1) 硅质胶结物。主要矿物成分是蛋白石、玉髓和石英。肉眼观察颜色较浅，灰白色、致密状，硬度大于小刀，有时碎屑颗粒(石英)与胶结物(自生石英)之间界线难以分辨。岩石胶结坚固，锤击不易破碎，断裂面常切穿碎屑颗粒。以纯石英砂岩硅质胶结者最为常见。

(2) 钙质胶结物。矿物成分主要为方解石，颜色多呈白色或灰白色，硬度小于小刀，当其结晶较好时，可见菱形解理，滴稀盐酸剧烈起泡。如滴稀盐酸不起泡，当刮成粉末后起泡者则为白云质。

(3) 铁质胶结物。矿物成分主要为赤铁矿，颜色常呈紫、红、褐等颜色，胶结坚固紧密，密度大。风化后变为褐铁矿，颜色变浅呈褐黄色，硬度也变小。

(4) 海绿石质。绿色，致密状或颗粒状，硬度小于小刀，风化后变为褐铁矿，在岩石中呈褐色斑点或斑块。

(5) 黏土杂基。以黏土矿物为主，常含少量细粉砂。颜色常呈褐色或黄褐色，含有机质时颜色较深，岩石一般较疏松粗糙，土状光泽，硬度小于小刀，易刻成粉末，遇水常变软，锤击易破碎。

(二)碎屑岩结构的野外划分

碎屑岩的结构包括碎屑颗粒的特点(大小、圆度、球度、形状、分选性等)、填隙物的特点，以及碎屑颗粒与填隙物之间的关系(胶结类型)三个方面的内容。野外观察时，主要是确定碎屑颗粒的大小、分选性、磨圆度、球度和胶结类型等。

1. 碎屑颗粒的大小及粒级划分

碎屑颗粒的大小称为粒度。粒度是以颗粒直径(一般以长径或中径)来度量的。粒度是碎屑岩进一步分类的根据，也是做粒度测量进行分析的主要对象，故粒度是碎屑岩很重要的一个特征。由于工作性质和目的的不同，各家所采用的粒度划分标准也不同。归纳起来有三种标准，但野外分类常用自然粒级标准(表3-1)。

表 3-1　碎屑岩的粒级划分

颗粒类型		十进位标准	自然粒级标准	φ值粒级标准			粒级范围
大类	类	mm	mm	Mm, $d=2^{-\phi}$		φ值	mm, φ
砾	巨砾	>1000	>256	32	$32=2^5$	-5	
	粗砾	1000~100	256~64	16	$16=2^4$	-4	砾:
	中砾	100~10	64~4	8	$8=2^3$	-3	>2mm;
				4	$4=2^2$	-2	<-1 φ
	细砾	10~1	4~2	2	$2=2^1$	-1	
砂	巨砂		2~1	1	$1=2^0$	0	砂:
	粗砂	1~0.5	1~0.5	$0.5(=\frac{1}{2})$	$\frac{1}{2}=2^{-1}$	+1	2~0.0625mm; -1~+4 φ

续表

颗粒类型		十进位标准	自然粒级标准	φ值粒级标准		粒级范围
大类	类	mm	mm	Mm，$d=2^{-\phi}$	φ值	mm，ϕ
	中砂	0.5～0.25	0.5～0.25	$0.25(=\frac{1}{4})$	$\frac{1}{4}=2^{-2}$ +2	
	细砂	0.25～0.1	0.25～0.1	$0.125(=\frac{1}{8})$	$\frac{1}{8}=2^{-3}$ +3	
	微砂		0.1～0.05	$0.0625(=\frac{1}{16})$	$\frac{1}{16}=2^{-4}$ +4	
粉砂	粗粉砂	0.1～0.05	0.05～0.01	$0.0312(=\frac{1}{32})$	$\frac{1}{32}=2^{-5}$ +5	粉砂：0.0625～0.0039mm；+4～+8 ϕ
				$0.0156(=\frac{1}{64})$	$\frac{1}{64}=2^{-6}$ +6	
	细粉砂	0.05～0.01	0.01～0.005	$0.0078(=\frac{1}{128})$	$\frac{1}{128}=2^{-7}$ +7	
				$0.0039(=\frac{1}{256})$	$\frac{1}{256}=2^{-8}$ +8	
泥		<0.01	<0.005	<0.0039	>+8	泥：<0.0039mm；>+8 ϕ

注：<0.0312mm 或>5 ϕ者为杂基。

自然界单一粒级的碎屑岩很少见，大部分是由几个不同粒级的碎屑组成，各粒级的含量不同，岩石的粒级名称也不相同。粒度分类命名原则如下：

(1)三级命名原则。以粒级含量 50%、25%、10%三个界线为依据，确定岩石的粒级名称。含量大于 50%的粒级作为岩石的基本名称，如中粒砂岩；含量25%～50%的粒级，以"××质"的形式写在基本名称之前（"质"字常省略），如粉砂质细砂岩；含量 10%～25%的粒级，以"含××"写在岩石名称的最前面，如含砾粗砂岩、含粗砂粉砂质细砂岩；含量少于 10%的粒级不参加命名。三级命名原则也适用于碳酸盐岩、泥质岩的成分分类。

(2)若岩石中没有一个粒级的含量大于 50%，但含量 25%～50%的粒级有两个时，则以这两个粒级的名称复合命名，以"××-××岩"的形式表示，含量多者在后，少者在前，其他含量更少的粒级仍按三级命名原则处理，如含粗砂的中-细粒砂岩。当岩石中有三种粒级均小于 50%，且都大于 25%时，可命名为不等粒砂岩。

（3）若岩石以两个粒级为主要组分，且两者含量多少用肉眼难以区分时，仍采用复合命名法，但两粒度名称之间不加"-"，如砂砾岩等。

（4）在使用上述原则时，作为基本名称的主要粒级，可细分，如砂可细分为粗砂、中砂、细砂等；作为次要名称的粒级组分，则只分为砾、砂、粉砂等，不再进一步细分。

2. 圆度

圆度是指碎屑颗粒的棱和角被磨蚀圆化的程度，一般分四级：

（1）棱角状。颗粒具尖锐的棱角，原始形状基本未变或变化很小。说明碎屑未经搬运或搬运距离极小。

（2）次棱角状。碎屑颗粒的棱和角稍有磨蚀、尖角并不十分突出。一般说明碎屑经过了短距离搬运。

（3）次圆状。棱角有显著磨损，碎屑的原始轮廓还可看出。说明碎屑经过了较长距离的搬运。

（4）圆状。棱角已全磨圆，碎屑的原始轮廓已消失。说明碎屑经过了很长距离的搬运和磨损。

有时，在棱角状与圆状之外又划分出高棱角状与高滚圆状（图 3-5）。

圆度的研究对象主要是中、粗碎屑岩，中碎屑岩只划分为好（圆状）、中（次圆状或次棱角状）、差（棱角状）三个级别，而粉砂岩一般不做圆度的划分和描述。

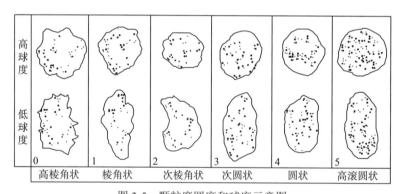

图 3-5　颗粒磨圆度和球度示意图

3. 分选性

分选性是指相同粒级的碎屑颗粒相对集中的程度，一般用同一粒级碎屑含量占全部碎屑总量的百分比来衡量。野外观察时通常划分为三个等级。即当同一粒级的碎屑占全部碎屑的 75% 以上时，称分选性好；当同一粒级的碎屑占全部碎屑的 50%～75% 时，称分选性中等；当没有一个粒级的碎屑达到全部碎屑的 50% 时，称分选性差。

(三)粗碎屑岩——砾岩、角砾岩

粒径大于 2mm 的碎屑含量在 50% 以上的沉积岩叫粗碎屑岩(砾岩、角砾岩)。粗碎屑岩的碎屑成分主要为岩屑,只有在较细的粗碎屑岩中有时见到单矿物砾石,除大于 2mm 的碎屑之外,还有小于 2mm 的碎屑(砂和粉砂),称作充填物或混入物。

1. 粗碎屑岩大致分类

(1)按砾石形状分。

砾岩:圆及次圆状砾石含量大于 50%。

角砾岩:棱角和次棱角状砾石含量大于 50%。

(2)按成因分。

角砾岩在地质剖面中保存下来的比砾岩的少得多,但角砾岩能更清楚地反映成因。角砾岩可分为:沉积角砾岩(如同生角砾岩,冰川角砾岩)、重力作用形成的角砾岩、溶洞角砾岩、断层角砾岩、成岩后生角砾岩等。

(3)按在地层剖面中的位置分。

底砾岩:常见于海侵层位最底部的侵蚀面上,代表一个长期的沉积间断之后,一个新时期沉积的开始,故在不整合或假整合面之上常见底砾岩,如乌当地区志留系底部就见一层底砾岩覆于奥陶系灰岩形成的喀斯特不整合面之上。

层间砾岩:在沉积过程中,由于沉积环境的局部变化而形成的砾岩,它常整合地夹在其他岩层之中,不代表侵蚀间断。但在剖面上向下可找到该砾岩中砾石的基岩,有时砾岩与下伏岩层之间可有不同程度的冲刷现象,如乌当奥陶系湄潭组上部的灰岩透镜体常见这种层间砾岩。

2. 粗碎屑岩野外主要鉴定特征

粗碎屑岩碎屑颗粒粗大,肉眼可见岩石主要的结构构造特征,所以野外十分易于与其他岩类区分。在野外工作中,只需根据岩石的结构构造,结合其成因、产状等,区分出砾岩和角砾岩(表 3-2、图 3-6、图 3-7)。

表 3-2 砾岩和角砾岩主要鉴定特征

砾 岩	角砾岩
砾石一般经过距离不等的搬运和冲刷,常呈圆状或次圆状,且宏观排列上常有不同程度的方向性和分选性	一般是通过崩塌、碎裂等方式原地堆积,或冰川搬运,或极短距离的水流搬运堆积形成,碎屑无显著的搬运、冲刷、溶蚀过程,所以呈棱角状或次棱角状,而且整体分选性和排列方向性极差
由于砾石是经过搬运和沉积而来,其成分一般并不单一,即岩石中常含有多种成分的岩屑	成因(如快速搬运沉积、岩溶崩塌、构造碎裂等)不同于砾岩,相比其碎屑(角砾)来源不如砾岩丰富,即角砾成分相对较单一

续表

砾　岩	角砾岩
经过一定程度的搬运、冲刷、溶蚀过程，砾石表面一般比较光滑	角砾表面冲刷、溶蚀作用小，所以一般较粗糙，但在一些遭受过强烈摩擦(如构造摩擦、冰川搬运等)作用的角砾上，也可见光滑表面
由于岩石为搬运沉积形成，所以常有含量不等的杂基等填隙物，常呈基底式胶结或孔隙式胶结等，且胶结程度变化大	根据成因不同，胶结方式及胶结程度也不同。如可见基底式或孔隙式胶结(如冰川角砾岩、火山角砾岩等)，接触式胶结(如溶塌角砾岩)，以及颗粒凹凸接触或缝合接触(如盐溶角砾岩、断层角砾岩)等

图 3-6　砾岩

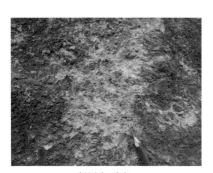 

断层角砾岩　　　　　　　　　　　　　　溶塌角砾岩

图 3-7　角砾岩

3. 粗碎屑岩肉眼观察和描述内容

(1)颜色。

尽可能指出岩石总的颜色，而不是指组成岩石的个别砾石的颜色或胶结物的颜色。

(2)碎屑部分。

①砾石的大小：估计时要指出最常见的大小和最大、最小的砾石大小。仔

细测量时，测量 100 个以上砾石的 a 轴(最长的方向)，以说明砾石的分选好、中等、差。

②砾石圆度：估计时一般只分出圆、次棱角和棱角状三级，并统计各占多少。

③砾石的形状：根据砾石三个轴长度的比例，可有等轴的、扁平的、扁平伸长(椭圆形)和棒状。

④砾石表面性质：粗糙、光滑、有无光泽、擦痕等。

⑤砾石成分：指出砾石的成分及其占整个岩石的百分含量，如为复成分砾岩，则需指出各种成分砾石占全部砾石的百分含量。

(3)充填物(胶结物)部分。

①充填物成分：充填在砾石孔隙之间的砂、小砾石或黏土，如为化学沉积的胶结物，则应分出硅质(一般坚硬用小刀刻不动)、铁质(常为褐红色)、钙质(加稀盐酸后起泡)等。

②胶结类型：按照砾石堆积型式可分为接触式、孔隙式、基底式或混合式。接触式即砾石紧挨在一起，只有在其接触处才有胶结物胶结；孔隙式胶结即砾石彼此接触，在其孔隙处充填有胶结物；基底式是砾石一般彼此不接触，其间被其他物质所胶结。

③岩石固结度：根据其胶结的程度，可分为疏松、弱固结、强固结等。

4. 粗碎屑岩命名

比较完整的命名应反映岩石的颜色、胶结物、主要砾石成分和岩石类型，如紫红色钙泥质胶结复成分砾岩，有时仅以颜色和成分来命名，如灰色复成分砾岩。

5. 粗碎屑岩构造及野外产状观察

(1)砾石排列方向：从砾石排列方向可了解当时介质的滚动方向以及成因。

(2)层位及其在剖面上的位置：在一个地层剖面上位于底部还是中间，如在一套岩系底部的底砾岩，往往代表一个沉积间断。

(3)层理及其与上下层的接触关系：一般砾岩的层理不明显，尤其是河流相砾岩，往往为巨厚层理。接触关系上，有的与上下层有清楚的界线，如底砾岩与其上下岩层截然不同，也有的砾岩与上下层是逐渐变化的，没有清楚的界线。

6. 粗碎屑岩描述实例

砖红色钙泥质胶结的复成分砾岩。观测点：乌当后所。层位：白垩系惠水组。岩石中砾石含量约 70%，胶结物含量约 30%。砾石大小很不均匀，20~2mm 者多见，一般大小为 5mm(占 40%)。分选性不好，砾石多为次圆到次棱角状，砾石断面多为长椭圆状。岩石光滑度一般。砾石成分以灰岩为主，少量为石英砂岩和硅质岩。胶结物为砖红色，滴稀盐酸剧烈起泡，停止起泡后岩石表面剩下一层泥质薄膜，由此可知，胶结物为钙泥质。胶结类型为基底式，块状构造、局部地方可见到砾石有明显的定向排列。

(四)中碎屑岩——砂岩

碎屑中 $2\sim0.0625mm$ 粒级的颗粒在 50%以上的沉积岩叫砂岩。砂岩的碎屑成分主要是石英、长石和岩屑。

1. 砂岩的分类

(1)根据碎屑大小划分(以含量在 50%以上的颗粒为准，见表 3-3)。

表 3-3   按碎屑大小划分的砂岩类型

粒径	砂岩
$2\sim0.5mm$	粗砂岩
$0.5\sim0.25mm$	中粒砂岩
$0.25\sim0.0625mm$	细粒砂岩

(2)根据碎屑成分分类(表 3-4)。

表 3-4   按碎屑成分划分的砂岩类型表

类型	岩石名称	在全部碎屑组分中			说明
		石英/%	长石/%	岩屑/%	
石英砂岩	1. 石英砂岩	>90	$0\sim10$	$0\sim10$	
	2. 长石石英砂岩	$60\sim90$	$5\sim25$	<10	长石>岩屑
	3. 岩屑石英砂岩	$60\sim90$	>10	$5\sim25$	岩屑>长石
	4. 多矿石英砂岩	$50\sim80$	$10\sim25$	$10\sim25$	长石>岩屑者叫岩屑长石石英砂岩；岩屑>长石者叫长石岩屑石英砂岩
长石砂岩	5. 长石砂岩	<75	>25	<10	
	6. 富长石砂岩	<25	>75	<10	
	7. 岩屑长石砂岩	<65	>25	$10\sim25$	
	8. 富岩屑长石砂岩	<50	>25	>25	长石>岩屑
岩屑砂岩	9. 岩屑砂岩	<75	<10	>25	
	10. 富岩屑砂岩	<25	<10	>75	
	11. 长石岩屑砂岩	<65	$10\sim25$	>25	
	12. 富长石岩屑砂岩	<50	>25	>25	岩屑>长石

2. 砂岩野外主要鉴定特征

(1)野外最常见的砂岩为石英砂岩，新鲜面用放大镜可看到石英碎屑颗粒，一般磨圆好，分选好，透明且具明显的油脂光泽。长石砂岩及杂砂岩一般颜色较石英砂岩深，颗粒分选和磨圆一般不及石英砂岩，而且长石颗粒多呈肉红色。

(2)与常见的沉积岩(如石灰岩、白云岩、泥质岩等)相比，质纯的砂岩一般岩石硬度大，新鲜面小刀不易刻划，锤击声音清脆。

(3)砂岩风化面一般表现出明显的物理风化特征，即岩石多沿层面、裂隙面等发生机械破碎而崩落，导致岩层风化面平整，突出部位则棱角分明(图3-8)。野外常通过明显的物理风化特征与碳酸盐岩(化学风化特征显著，溶蚀作用导致岩层风化突出部位常呈浑圆状)区分。

(4)总体来看，砂岩沉积构造比较发育。在砂岩地层中，常可见显著的层理构造(如平行层理、交错层理等)和层面构造(如波痕、冰雹痕、印模等)(图3-3)。

图 3-8　石英砂岩风化面

3. 砂岩肉眼观察及描述内容

(1)颜色。岩石新鲜面的整体颜色。单矿物砂岩的颜色往往反映其胶结物和颗粒外膜的颜色，而多矿物砂岩的颜色往往反映岩石碎屑成分，有时又与细分散的混入物有关。

(2)碎屑颗粒大小。指出粗粒、中粒或细粒即可，可用肉眼估计。若大小不均匀，应指出最大、最小和一般粒径。碎屑中如有非砂粒级颗粒，应指出其在全部碎屑中的百分含量，再借助放大镜进行初步碎屑圆度鉴定。

(3)碎屑成分。最常见的碎屑颗粒有石英和长石，石英一般呈透明状、具油脂光泽、具贝壳状断口，长石一般为肉红色或灰白色、有解理且解理面具玻璃光泽。应注意有时石英颗粒外面有一层褐红色的氧化铁薄膜，易误定为长石。长石表面常风化成土状，在砂岩中表现为白色小点，并具有解理。

其他碎屑有云母和岩屑等。在沉积岩中白云母较常见，常呈片状并具珍珠光泽。

在岩石观察描述时，应统计各种成分碎屑在全部碎屑中的百分含量。

(4)胶结物的成分。砂岩中的胶结物往往肉眼不易观察,需用放大镜细致观察,常见的胶结物有铁质(使岩石呈紫红色)、黏土质(土状,用小刀可刻动,并在水中可泡软而使岩石松散)、钙质(白色,加酸起泡剧烈)、白云质(白色,加酸起泡微弱)、硅质(白色,小刀刻不动,重结晶后有时分辨不出,碎屑和胶结物使岩石变得致密坚硬,呈石英岩状,断口往往沿石英颗粒本身裂开)、石膏(具光亮的晶面状断口,硬度低,加酸不起泡)。此外,应大致估计胶结物占整个岩石的百分含量,判断胶结类型,但一般在手标本上不易分辨岩石胶结的紧密程度。

(5)生物残骸。注意化石的种类、含量、组合情况、保存情况及排列方向等。同时,还必须注意遗迹化石的种类和产出形态。

(6)新生矿物。新生矿物是沉积时生成的,一般没有被磨圆,常见的有海绿石、黄铁矿、石膏等。

(7)岩石的构造。砂岩的构造应特别注意层理构造和层面构造(波痕、槽模、沟模、重荷模等)。包括确定岩层层理类型、测量斜层理的倾向和倾角及槽模的流向等。

(8)次生变化。例如,含二价铁的矿物在氧化成三价铁后而显现出的次生颜色,长石风化成黏土矿物,海绿石氧化成褐铁矿等。

4. 砂岩的命名

首先根据碎屑成分及含量可把基本类型确定,如石英砂岩、长石砂岩等;然后再加上粒度分类,如细粒石英砂岩、粗粒岩屑砂岩等;最后再考虑胶结物来综合命名。如为石英砂岩,常以胶结物来表示不同的种类,例如黏土质粗粒石英砂岩、钙质中粒石英砂岩,有时可加上颜色或特殊矿物为形容词,如黄绿色海绿石中粒石英砂岩。至于少矿物砂岩和复矿物砂岩的命名,往往以岩石的一种或数种特征为附加名词,如颜色、特种矿物、机械混入的成分、粒度、胶结物等,如深灰色云母质粗粒黏土质长石砂岩。

5. 砂岩描述实例

黄白色中厚层状中粒石英砂岩。观测点:乌当田坝头。层位:泥盆系蟒山群。颜色浅黄白色。碎屑成分主要由石英组成(95%以上),石英粒径约 0.3mm,磨圆度较高,分选性好,偶见少量长石。其胶结物为硅质,小刀刻划不动,岩石胶结坚硬,胶结物中还有微量的铁质,风化后变成褐铁矿较均匀地分布在整个岩石中,使岩石带有浅的黄褐色。岩石中少量长石风化后形成白色粉末状的黏土物质。

岩石中常有植物碎片(鳞木化石)、鱼类化石碎片(沟鳞鱼)及瓣鳃类碎片等。

(五)细碎屑岩——粉砂岩

粉砂岩的粒度范围是 0.0039～0.0625mm,由于粉砂岩颗粒细小,在手标本中难以辨认碎屑和胶结物成分，所以常借助放大镜仔细观察其矿物成分和结构。粉砂岩的描述与研究方法基本类似于砂岩。

1. 粉砂岩分类

粉砂岩可根据粒度、碎屑成分和胶结物成分进一步细分。

(1)按粒度划分。①粗粉砂岩，碎屑颗粒的大小为 0.0312～0.0625mm。②细粉砂岩，碎屑颗粒的大小为 0.0039～0.0312mm。

(2)按碎屑成分划分。同砂岩一样，可分为石英粉砂岩、长石粉砂岩、岩屑粉砂岩及它们之间的过渡类型。也可分为：少矿物粉砂岩，碎屑以石英为主；多矿物粉砂岩，粉砂成分除石英外，还有长石、云母、绿泥石及岩屑等。

(3)根据填隙物成分划分。①黏土质粉砂岩；②铁质粉砂岩；③钙质粉砂岩；④白云质粉砂岩。

2. 粉砂岩野外主要鉴定特征

(1)粉砂岩外貌粗看和泥质岩相似，不同之处在于岩石断口处泥质岩具有贝壳状断口，而粉砂岩断口粗糙；且岩石表面用手摸有粗糙的感觉，用牙齿咬，常有嚓嚓之声，而泥质岩用手摸之有滑感，用牙齿咬，无砂感。

(2)粉砂岩中常有含量不等的黏土矿物，所以成分上比砂岩要杂，与砂岩相比，其颜色一般较深且多变，岩石强度也低于砂岩，且随黏土矿物含量的增加，强度明显降低。

(3)粉砂岩风化面的特征介于砂岩和泥质岩之间，风化突出部位不如砂岩棱角分明，但也无泥质岩类明显的球形风化面，其风化面具体特征与岩石中泥质含量关系密切。

(4)在野外，粉砂岩常与粉砂质泥岩或泥岩互层，岩石中泥质含量变化引起的岩石差异风化显著可见，即粉砂岩层抗风化能力强而突出，泥质岩层风化剧烈则凹陷(图 3-9)。

图 3-9　剖面上粉砂岩和泥岩差异风化形成的凹凸面

(5)与砂岩类似，粉砂岩的沉积构造一般也比较发育，常可见水平层理、波状层理、波痕等沉积构造。

3. 粉砂岩描述实例

砖红色厚层-块状含砾钙质泥质粉砂岩。观测点：乌当后所。层位：白垩系惠水组。颜色为砖红色。岩石层理不发育。碎屑成分主要为细小的石英及岩屑，含量大于 65%，粒径变化大(0.1～0.01mm)，多集中在 0.05～0.01mm 范围(占碎屑总量约 50%)。其次为黏土矿物，约占 30%，并含有少量砾石(约 5%)。砾石成分主要为碳酸盐岩、硅质岩、砂岩等，分选一般，磨圆差，粒径一般 2～5mm，无明显方向性排列，砾石风化后表面常呈浅灰白色与岩石主体砖红色明显区别)。岩石胶结物主要为钙质和泥质，胶结程度较低，岩石结构较松散，强度不高。

三、泥质岩的观察与描述

泥质岩又称黏土岩，主要由黏土矿物和粒径小于 0.0039mm 的极细粒碎屑物质组成，矿物颗粒一般肉眼无法辨认，含量必须在 50%以上。

1. 泥质岩的分类

(1)按矿物成分划分。①单矿物黏土岩，一般比较少见，如水云母黏土岩、高岭石黏土岩、伊利石黏土岩等。②多矿物黏土岩，一般分布比较广。

(2)按固结程度分。①黏土。固结程度很差，具可塑性，在水中很易泡软，常见的为复矿物黏土。而单成分黏土主要为高岭土，通常为白色及各种浅色，具有贝壳状断口，泡在水中体积一般不膨胀，具可塑性。②固结黏土(泥岩)。固结程度较高，比黏土致密坚硬，可塑性很差或没有。在水中难以泡软或不能泡软，单矿物的黏土岩常见者是主要矿物为高岭石的黏土岩，常称为高岭石质硬质黏土岩。一般常见者为多矿物黏土岩，颜色变化大，致密有滑感，常具贝壳状断口。③页岩。比固结黏土(泥岩)更为致密，具有明显的页理，层理厚度一般小于 1cm，有的呈叶片状，风化后呈叶片状裂开，在水中不会泡软，无可塑性。

2. 泥质岩的结构

(1)泥质结构。几乎(或 90%以上)全由 0.0039mm 以下的黏土质点组成，是泥质岩的主要结构。

(2)粉砂泥质结构。除黏土质点外，岩石中还含有 25%～50%的粉砂质点。若含粉砂 5%～25%，则称含粉砂泥质结构。

(3)砂泥质结构。除黏土质点外，岩石中还含有 25%～50%的砂粒。若含砂粒 5%～25%，则称含砂泥质结构。

(4)鲕状及豆状结构。在沉积过程中，黏土质点围绕一个核心凝聚成鲕粒(粒径小于 2mm 者)或豆粒(粒径大于 2mm 者)形成的结构。

(5)砾状及角砾状结构。由黏土质沉积物受侵蚀而产生的碎屑(称同生碎屑或内碎屑,或叫泥砾)再沉积,又被黏土质胶结而成。

3. 泥质岩野外主要鉴定特征

(1)泥质岩成分复杂,所以物理性质变化较大。但总体上,泥质岩一般具有贝壳状断口,且断面细腻、有滑感。泥质岩风化后常呈团块状裂开,并具有球状风化表面(图 3-10)。泥质岩类暴露地表后,经长期日晒雨淋,常常变成松散状(图 3-11)。

(2)泥质岩的强度一般不高,但有时因含水铝石、钙质等,使岩石强度显著增大,导致与粉砂岩、碳酸盐岩等相似,野外可通过观察岩石断面、球状风化、稀盐酸起泡反应等进行鉴别。

(3)由于泥质岩强度整体较低,与其他岩类(砂岩、碳酸盐岩等)互层时,常由于差异风化形成凹陷(图 3-9)。同理,在野外剖面中,连续的泥质岩分布常在剖面上形成负地形(图 3-12)。而且,由于泥质岩类抗风化能力差,岩石成土快,所以泥质岩类地层中一般风化土层厚,导致植被发育。

(4)泥质岩沉积构造比较发育,常见水平层理、波痕、泥裂、虫迹等沉积构造。

(5)页岩与泥岩都属泥质岩类,两者的区别在于页岩具有明显的页理构造(单层厚度小于 1mm 的层理构造),风化后常呈叶片状碎块(图 3-13)。

图 3-10 泥质岩表面的球状风化

图 3-11 泥质岩长期暴露后呈松散状

图 3-12 泥质岩在剖面上形成负地形
(上下岩层均为白云岩)

图 3-13 页岩风化后呈碎片状

4. 泥质岩的肉眼观察和描述内容

由于黏土矿物非常细小，所以要在手标本中鉴定其成分是非常困难的。但研究泥质岩的颜色和物理性质，一方面可帮助我们去判断泥质岩的矿物成分，另一方面可帮助我们去了解其应用价值。

(1)颜色。干燥时和潮湿时可分别观察，质纯的泥质岩往往为浅色(白色、灰色、浅红白色)。当混入杂质时颜色就会改变，如混入有机质则呈黑色，混入物有氧化铁则呈褐色等。颜色往往能反映岩石的一些特殊性能，如鲜红色、紫红色或褐色黏土一般不能作为耐火黏土，而白色、浅灰色和浅黄色黏土，可能是耐火黏土。

(2)物理性质。断口，腻滑程度，可塑性，在水中易不易泡软，膨胀性，吸收性等。不同黏土矿物具有不同的物理性质，如胶岭石黏土(斑脱岩)在水中很容易泡软，且膨胀性很大，可塑性不大，而高岭石黏土则反之。另外，也可从物理性质来看工作性能，如泡在水中立即散开的黏土，说明具有高的吸收性能，可作为漂白剂。

(3)肉眼可见的机械混入物，如石英砂等应鉴定其成分及含量。

(4)含有的生物化石等。

5. 泥质岩描述实例

灰-淡绿色页岩。观测点：乌当干榜上。层位：奥陶系湄潭组。岩石原生颜色为灰到淡绿色，风化后变为紫红色，页理发育。风化后为页片状裂开，断口较粗糙，无可塑性，遇水不泡软，岩石中肉眼可见含有少量石英颗粒、黄铁矿颗粒及白云母片状碎屑，黄铁矿风化后变为褐铁矿。层面有时可见雨痕，而与之互层的砂岩层面上有时可见波痕。岩石中含有笔石、正形贝、三叶虫等化石。

四、化学岩及生物化学岩

(一)概述

这类岩石极大部分是从胶体溶液或真溶液中，以化学方式在生物直接或间接作用下沉淀出来沉积成岩的。根据主要组分溶解度及成岩时生物作用的大小，可把这类岩石归纳为三大亚类。

1. 铝质岩、铁质岩、锰质岩

共同点是溶解度小，生物作用是间接的或消极的，常形成氧化物。

2. 硅酸盐岩、磷酸盐岩和碳酸盐岩

共同特点是易溶，活动性较大，生物作用是直接的、积极的，常形成氧化物、磷酸盐和碳酸盐岩石，一般分布很广。

3. 盐类

共同特点为溶解度极大，生物一般不起作用，主要由蒸发作用形成，常形成硫酸盐和卤化物。

本类岩石成分一般比较单纯，颗粒大多较细小，肉眼观察时应注意颜色和物理性质，以及结构构造。另外，还常借助简单化学实验来鉴定岩石成分，如用 5%的稀盐酸来区别白云岩和灰岩，用钼酸铵来鉴定磷质岩等。

野外此类岩石中最常见的是碳酸盐岩。

(二) 碳酸盐岩

碳酸盐岩是钙镁碳酸盐矿物(方解石、白云石)含量大于 50%的沉积岩。主要岩石类型为石灰岩和白云岩。

1. 矿物组成

主要由方解石和白云石等碳酸盐矿物组成，其他含少量陆源碎屑物质和非碳酸盐自生矿物，如石英、长石、黏土矿物、蛋白石、玉髓、石膏等。

2. 结构

碳酸盐岩的结构在一定程度上反映了岩石的成因，它不仅是岩石的重要鉴定标志，也是岩石分类命名的主要依据。碳酸盐岩的结构大致有以下几类：①由波浪和流水作用搬运、沉积而成的灰岩、白云岩具有粒屑结构。②由原地生长的生物构成的生物灰岩、礁灰岩，具有生物骨架结构。③由化学、生物化学作用沉淀的灰岩、白云岩经重结晶后具有晶粒结构。④白云化灰岩、交代白云岩具残余结构或晶粒结构。

(1)粒屑结构。由波浪和流水作用而形成的碳酸盐岩结构与碎屑岩的结构相似，也可以分为四个组成部分：颗粒、泥晶基质、亮晶胶结物、空隙。

颗粒：又叫粒屑、异化粒等，是在沉积盆地内由化学、生物化学、生物作用及波浪、岸流、潮汐等作用形成的颗粒，在盆地内就地沉积或经短距离搬运再沉积的。主要有五种类型：内碎屑、生物碎屑、包粒、球粒及团块。

内碎屑是从沉积的、弱固结的碳酸盐沉积物，经波浪、岸流、潮汐等作用破碎后再沉积的碎屑。古老石灰岩经风化剥蚀而来的碎屑不属于内碎屑，应是外碎屑或陆源碎屑。内碎屑按直径大小可以分为：①砾屑，＞2mm；②砂屑，2～0.062mm；③粉屑，0.062～0.031mm；④微屑，0.031～0.004mm；⑤泥屑，＜0.004mm。

生物碎屑是经破碎磨蚀的不完整个体。个体完整的叫生物或骨粒。完整者多为微体生物，也有完整的大化石。生物碎屑多以大生物化石为主。群体固定生长的造礁生物，称为骨架生物。

(2)生物骨架结构。由原地固着生长的群体造礁生物组成的礁灰岩，具有生物骨架结构。

(3)晶粒结构。化学及生物化学沉淀的灰岩，蒸发型原生白云岩，强白云岩化灰岩及白云岩，重结晶的灰岩及白云岩等均可具有晶粒结构，按晶粒大小可以细分如下：

巨晶	>4mm	极粗晶	4~1mm
粗晶	1~0.5mm	中晶	0.5~0.25mm
细晶	0.25~0.05mm	粉晶	0.05~0.01mm
微晶	0.01~0.001mm	隐晶	<0.001mm

(4)残余结构。白云化灰岩及重结晶灰岩具有石灰岩的各种残余结构。如残余生物结构、残余鲕状结构、残余碎屑结构等。

3. 构造

碳酸盐岩的构造，除常见的波痕、层理外，还常有缝合线、叠层石、鸟眼等特殊成因的构造。碳酸盐岩还常发生明显的成岩后生作用，如重结晶作用、压溶作用、交代作用等。

4. 碳酸盐岩的分类与命名

野外主要根据碳酸盐岩成分进行分类。

碳酸盐岩按成分分为石灰岩和白云岩两个基本类型，在它们之间又有一系列的过渡类型，它们与泥质岩、碎屑岩及膏盐岩之间也常存在有过渡的岩石。碳酸盐岩中最常见的是两种成分的混合，如方解石与白云石、方解石与泥质、白云石与泥质等；少数见有三种成分的混合，如方解石与白云石及泥质等。混合类型分类如下：

(1)灰岩与白云岩的过渡类型岩石(表3-5)。

表 3-5 灰岩与白云岩过渡类型岩石

岩类	方解石/%	白云石/%	岩石名称	简化名称
石灰岩	100~90	0~10	石灰岩	灰岩
	90~75	10~25	含白云质石灰岩	含云灰岩
	75~50	25~50	白云质石灰岩	云灰岩
白云岩	50~25	50~75	灰质白云岩	灰云岩
	25~10	75~90	含灰质白云岩	含灰云岩
	10~0	90~100	白云岩	白云岩

(2)灰岩或白云岩与泥岩的过渡类型岩石(表3-6)。

表3-6　灰岩或白云岩与泥岩过渡类型岩石

岩类	方解石(或白云石)/%	黏土矿物/%	岩石名称	岩石名称
石灰岩或白云岩	100～90	0～10	灰岩	白云岩
	90～75	10～25	含泥灰岩	含泥云岩
	75～50	25～50	泥灰岩	泥云岩
泥岩	50～25	50～75	灰泥岩	云泥岩
	25～10	75～90	含灰泥岩	含云泥岩
	10～0	90～100	泥岩	泥岩

(3)灰岩、白云岩与泥质岩的过渡类型岩石(表3-7)。

表3-7　灰岩、白云岩与泥质岩之间的过渡类型岩石

岩类	方解石/%	白云石/%	黏土矿物/%	岩石名称
石灰岩类	50～75	10～25	10～25	含泥含云灰岩
	50～75	10～25	25～50	含云泥灰岩
	50～75	25～50	10～25	含泥云灰岩
白云岩类	10～25	50～75	10～25	含泥含灰云岩
	10～25	50～75	25～50	含灰泥云岩
	25～0	50～75	10～25	含泥灰云岩
泥岩类	10～25	10～25	50～75	含灰含云泥岩
	25～50	10～25	50～75	含云灰泥岩
	10～25	25～50	50～75	含灰云泥岩

5. 碳酸盐岩野外主要鉴定特征

如上所述,碳酸盐岩过渡类型众多,在野外不可能细分出每一种过渡类型岩石。一般只需把握岩石总体特征,分出石灰岩、白云岩、泥质灰岩(白云岩)等岩类即可。下面介绍典型的碳酸盐岩之间及与其他岩类的主要鉴定特征。

(1)与碎屑岩类相比,碳酸盐岩最显著的特征为溶蚀作用,所以在剖面上碳酸盐岩风化面不如砂岩棱角分明,而呈一定的浑圆状。反映在宏观上,碳酸盐岩地层形成的山体由于以化学风化为主,常呈岩溶地貌发育的浑圆状。总之,地质剖面上若出现明显的溶蚀作用,则可判定岩石主要为碳酸盐岩类(图3-14)。

(2)与泥质岩类相比,碳酸盐岩强度明显高于泥质岩,且无泥质岩特有的球状

风化表面。宏观上，碳酸盐岩由于表土冲刷流失后，常形成深浅不一的灰色或灰红色冲刷表面(图3-15)，而泥质岩一般难见冲刷面。

图 3-14　剖面上白云岩的溶蚀作用　　　　图 3-15　石灰岩层表面的冲刷面

　　　　(下伏岩层为石英砂岩)

(3)碳酸盐岩中，石灰岩与白云岩主要通过颜色、断口、风化面等特征进行区分。石灰岩一般呈深浅不一的灰色，白云岩则为灰色中常微带肉红色；质纯的石灰岩常见贝壳状断口，白云岩的断口则一般较平整(图3-16)；石灰岩风化面一般较光滑清洁，冲刷作用明显，白云岩风化面则常呈刀砍状(图3-17)，且常有地衣等附着物。

(4)当石灰岩或白云岩中含有含量不等的泥质时，岩石的颜色便随泥质成分不同而变得多样。泥质混入会导致泥质灰岩(白云岩)的强度变低，锤击时声音沉闷，并出现土状断口。随泥质含量不同，泥质灰岩(白云岩)风化后常呈碎块状或带土状的石灰岩(白云岩)风化面。

(5)用5%的稀盐酸实验，石灰岩剧烈起泡，白云质灰岩起泡，白云岩不起泡或微弱起泡，泥灰岩起泡后岩石表面会残留一层黏土薄膜。

石灰岩的贝壳状断口　　　　　　　　　　　白云岩断口平整

图 3-16　石灰岩与白云岩的断口

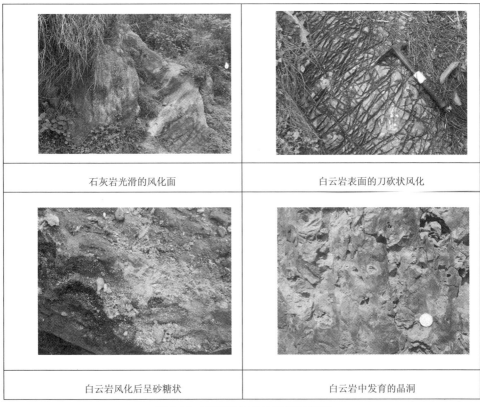

图 3-17　石灰岩与白云岩的风化面

6. 碳酸盐岩的肉眼观察及描述内容

（1）颜色，多种多样，取决于成分及混入物的性质（黏土质、有机质、氧化铁等）。

（2）加酸起泡剧烈程度。

（3）硬度，一般石灰岩的硬度小于小刀，如混入硅质，硬度就增高，有时小刀勉强才能刻动。

（4）固结程度，松软的还是致密的，这往往反映石化强度或后生变化情况。

（5）断口，研究碳酸盐岩的断口可以反映其结构、构造，如泥晶灰岩多为贝壳状断口，亮晶颗粒灰岩多为不平状断口，白云岩多为砂糖状断口。如具显著微层理的则为阶状断口。

（6）层理及层面构造，观察碳酸盐岩的层理、层面、干裂、鸟眼、生物扰动、生物遗迹构造等，对于恢复沉积环境、再造古地理很重要，应仔细观察及测量。

（7）肉眼可见的生物碎屑，应注意其种类，外形是否完整，含量及排列情况等。

（8）碳酸盐岩的结构，如结晶粒状，若为颗粒灰岩应描述其成分类型、含量及

7. 碳酸盐岩描述实例

深灰色厚层状生物碎屑灰岩。观测点：乌当黄花冲。层位：奥陶系湄潭组上段。岩石呈深灰色。具不平状断口，岩石结晶粗大，硬度小于小刀，遇稀盐酸剧烈起泡，石灰岩中含大量生物碎片，肉眼观察生物含量多者可达 30%～40%，化石保存不好，多为碎片，具有一定的排列方向，化石中有腕足类、海百合茎、棘皮动物的萼板等。岩石中发育交错层理。岩层中缝合线构造发育。

第三节　岩浆岩和变质岩

一、岩浆岩

在野外对岩浆岩的观察，一般首先根据其产状和结构构造特征，区分岩浆岩是属于深成岩、浅成岩，还是喷出岩。然后根据岩石中石英、长石和暗色矿物的种属和含量，确定岩石大类，进而通过进一步观察定出其基本名称。野外对岩浆岩的描述主要包括颜色、结构、构造、矿物组成、次生变化等。

(一)颜色

观察岩石新鲜面的颜色，并指出岩石遭受风化后的颜色变化。岩浆岩的颜色一般呈多种色调，可采用复合命名法对颜色命名，以反映出颜色的主次、深浅。一般主色调放在复合名称的后面，次色调放在复合名称的前面。如黄绿色，表明岩石的颜色以绿色为主，次为黄色。

(二)结构

观察岩石的结晶程度、主要矿物的自形程度、矿物颗粒的粒度和相对大小。根据岩石的结晶程度，确定是全晶质结构、半晶质结构，还是玻璃质结构。对全晶质结构，应仔细观察矿物的自形程度，确定主要矿物是全自形晶、半自形晶，还是他形晶。此外，比较主要矿物的相对大小，确定是等粒结构、不等粒结构，还是斑状、似斑状结构。目测主要矿物的绝对大小，指出矿物粒度的分布范围，确定是粗粒结构、中粒结构，还是细粒结构。最后，对各种单因素结构特征进行综合，确定岩石的综合结构类型名称，如全晶质半自形中-细粒结构。

(三)构造

观察岩石中矿物颗粒的分布是否均匀，有无一向或两向延长的矿物定向排列，有无某种矿物的集中分布，有无气孔及其形态、大小、多少，排列有无方向性，有无充填物(如杏仁体)等。根据以上特征定出岩石的构造类型或名称，如气孔状构造、条带状构造等。

(四)矿物成分

矿物成分是岩浆岩观察描述的重点，也是岩石定名最重要的依据。一般来说，凡是肉眼(借助放大镜)能够辨认的矿物，都要对其特征进行描述。描述的顺序由多到少，由大到小；先描述主要矿物，后描述次要矿物；具斑状结构的岩石，先描述斑晶矿物，后描述基质矿物。描述的内容包括矿物的颜色、光泽、解理、硬度、晶体形态、颗粒大小、含量等。

(五)其他特征

观察岩浆岩有无次生变化，次生变化的类型和特征。岩石是否存在矿化现象及矿化类型。岩石中裂隙发育情况，岩石破碎程度，裂隙中外来物质充填情况等。同时应注意查明岩浆岩体的产状，即岩体的空间分布位置、规模以及与围岩的接触关系等。

(六)岩浆岩综合定名

在观察描述的基础上，根据岩石的颜色、结构、构造和矿物成分特征，对岩石进行详细定名。详细名称应按"颜色+特征构造+结构(粒度)+次要矿物+基本名称"的方式进行，如灰绿色条带状细粒橄榄石辉绿岩。

(七)岩浆岩描述实例

1. 花岗岩

岩石整体呈肉红色，暗色矿物含量约 5%，致密块状构造。全晶质、中粒不等粒结构。主要矿物钾长石、石英、斜长石，次要矿物黑云母。

钾长石：肉红色，自形宽板状，粒径 2～4.5mm，一般 3.5mm，透明-半透明，玻璃光泽，偶见卡斯巴双晶，含量超过 50%。

石英：无色透明，不规则粒状，粒径 1.5～3.5mm，一般 2.5mm，玻璃光泽，断口油脂光泽，含量约 25%。

斜长石：灰白色，自形长板状，粒径 1.5～3.5mm，一般 2.5mm，透明，玻璃光泽，含量约 20%。

黑云母：黑色，片状，珍珠光泽，极完全解理，可用小刀剥离成小片，含量约 5%。

根据岩石颜色、结构构造、矿物组合特征，综合定名为肉红色致密块状中粒黑云母花岗岩。

其他特征：整体致密，表层风化呈浅灰黄色，节理裂隙不发育。岩石露头好，大面积出露，植被稀少，以灌木为主。

2. 玄武岩

深灰黑色，斑状结构。斑晶主要为斜长石，灰白色，细长条状，玻璃光泽，含量约 10%。基质为隐晶质，深灰色至灰黑色，具良好的气孔构造，气孔占岩石体积约 15%，呈大小不等的近圆状和椭圆状，孔径一般 6～10mm。少量气孔被方解石充填，形成杏仁体。岩石中局部见少量细粒状或浸染状黄铁矿。

岩石柱状节理发育，主要为四边柱和六边柱。总体上风化程度高，岩石碎块随风化程度不同多呈灰黄色和浅灰黑色，并具有球状风化表面。由于风化强烈，露头较差，新鲜岩石多出露于沟谷或陡坎，其上表层覆土较厚，一般超过 2m，植被较发育。

二、变质岩

变质岩的野外观察与描述方法与前述岩浆岩类似，但由于变质岩的分类和命名一般以其结构和构造为主要依据，所以对变质岩的观察与描述主要围绕岩石结构、构造及矿物成分进行。

（一）变质岩的命名

1. 变质岩的基本名称

变质岩的基本名称主要依据结构、构造和主要矿物成分，具体命名方法如下：

（1）具变余结构、构造的岩石，在原岩名称之前加"变质"二字，如变质砂岩。

（2）具变晶结构或（和）变成构造的岩石，如果具定向构造，直接根据变成构造特征确定基本名称，如板状构造（板岩）、千枚状构造（千枚岩）、片状构造（片岩）、片麻状构造（片麻岩）等；不具定向构造的粒状岩，一般根据含量最多的矿物确定基本名称，如角闪岩、石英岩、大理岩等；个别岩石类型是根据外貌特征和结构、构造而使用习惯名称，如角岩、麻粒岩、变粒岩等。

（3）具碎裂结构、构造的岩石，依据碎裂特征确定基本名称，如构造角砾岩、碎裂岩、糜棱岩、千糜岩等。

2. 变质岩的详细命名

变质岩的详细命名一般采用颜色+特征的结构、构造+矿物成分+基本名称的方法。

矿物成分参加命名时，含量大于 15% 的直接参加命名；含量 5%～15% 的在矿物名称之前加"含"字；含量小于 5% 的矿物一般不参加命名，但特征变质矿物应参加命名，在矿物名称前加"含"字。如银灰色石榴子石白云母片岩。当参加命名的矿物较多时，矿物名称可略写，如含夕线十字石榴斜长片麻岩。

(二)变质岩的野外观察和描述

变质岩野外观察和描述的主要内容:

1. 颜色

指变质岩的整体颜色。

2. 矿物成分

在对变质岩进行观察描述时,除了注意观察含量较多的主要矿物外,要特别注意对特征变质矿物的观察和鉴定,以便为恢复原岩、分析变质作用的物理化学条件和变质作用强度提供依据。对岩石中含有的所有矿物都要注意观察描述其颜色、光泽、解理、硬度、形态、大小等鉴定特征,目估各种矿物的百分含量。描述的顺序是:具斑状变晶结构的,先描述变斑晶,后描述变基质;不具斑状变晶结构时,按照矿物的含量,由多到少依次描述。

3. 结构

首先比较矿物的相对大小,看其是否具斑状变晶结构,再观察和度量矿物的绝对大小,然后观察变晶矿物的形态特征,最后对岩石的结构进行综合描述,定出岩石的结构类型。当岩石具等粒变晶结构时,描述方法为:粒度+次要矿物形态+主要矿物形态,如中粒鳞片粒状变晶结构。当岩石具斑状变晶结构时,描述方法为:具××变晶基质的斑状变晶结构,或者描述为具斑状变晶结构、基质具××变晶结构。

4. 构造

要注意对片状矿物、柱状矿物和纤状矿物排列方式的观察,是否存在定向排列,是连续的定向排列还是断续的定向排列,最后定出岩石的构造类型。

5. 其他特征

如岩石的断口、光泽、次生变化、破碎情况等。

6. 综合定名

依据变质岩详细定名原则进行岩石综合定名。

(三)变质岩描述实例

花岗质混合片麻岩,浅肉红色,中-细粒鳞片变晶结构,片麻状构造。

岩石由肉红色钾长石,灰白色斜长石,无色半透明状石英,绿黑色细鳞片状黑云母及少许黄绿色绿帘石组成,并存在少量裂隙(脉状)石英。钾长石粒度较粗,斜长石、石英较细，黑云母的平行排列使岩石具有明显的片麻构造。钾长石含量20%～25%，斜长石约 10%～20%，石英 20%～35%不等，黑云母约 15%，绿帘石约 1%～2%。

岩石混合岩化较深，脉体、基体界线基本消失，使岩石具有片麻状花岗岩特征。

第四章　地质构造的观察与分析

地质构造的观察、分析和描述，是野外地质调查中最重要的工作之一。工作区构造框架的建立和分析，是保证地质填图工作顺利开展和完成的"纲"。尤其是在地质构造较为复杂的地区，构造问题的解决是地质填图的关键。

对一个地区地质构造进行研究最重要的就是通过详细的野外观察和地质填图，以较完整、准确地了解该地区地质构造(主要指中、小尺度的构造)在空间上的展布特征，为今后对该区地质构造的运动学、动力学特征及构造的发育、演化历史的研究提供翔实、准确的第一手资料。

地质构造是岩石圈或地壳受力后(内、外动力地质作用)发生的变形(包括位置的改变或形态的改变)，以及这些变形在地面留下的或多或少的痕迹。野外工作就是通过对这些痕迹的研究来恢复一个地区总体的构造轮廓。

第一节　褶　　皱

一、褶皱的分类

不同学者从不同要素出发对褶皱进行了多种分类，为便于选择应用，现将褶皱的主要分类名称汇总(表 4-1)，以供参考。

表 4-1　褶皱主要分类名称汇总表

分类依据	分类名称
几何形体	圆柱状褶皱、非圆柱状褶皱
横剖面形态	直立褶皱、斜歪褶皱、倒转褶皱、平卧褶皱、翻卷褶皱
对称性	对称褶皱、不对称褶皱
翼间角大小	平缓褶皱、开阔褶皱、闭合褶皱、紧闭褶皱、等斜褶皱
转折端弯曲形态	圆弧褶皱、尖棱褶皱、箱状褶皱、扇形褶皱、挠曲
各层弯曲形态的变化规律	协调褶皱、不协调褶皱
地面出露形态	穹窿、构造盆地、短轴褶皱、线状褶皱
轴面和枢纽的产状	直立水平褶皱、直立倾伏褶皱、倾竖褶皱、斜歪水平褶皱、平卧褶皱、斜歪倾伏褶皱、斜卧褶皱
褶皱面曲率变化特征	Ⅰ类(ⅠA型、ⅠB型、ⅠC型)、Ⅱ类、Ⅲ类(兰姆赛的褶皱几何分类)

分类依据	分类名称
组合型式	阿尔卑斯式褶皱(复背斜、复向斜)、雁行褶皱、侏罗山式褶皱(隔槽式、隔档式)、日尔曼式褶皱
形成机制	纵弯褶皱、横弯褶皱、剪切褶皱、柔流褶皱

二、褶皱的野外识别

小型褶皱可在野外露头或定向手标本上直接观察确定。对于规模较大的褶皱，特别是被剥蚀后的褶皱，常常需要在一定范围内通过多个点(区域尺度)或一个剖面上，对地层层序、分布及其产状变化的研究后才能了解其整体形态，其分析一般可从两个方面进行。

(一)地层剖面观测分析

选择垂直地层走向、露头良好、产状变化稳定的一条或一组剖面，研究地层层序及其变化规律。在构造复杂、化石保存极差的区域，还需认真观察岩层的原生层面构造，及层间褶皱、劈理等层间构造，研究层间构造与层面构造的关系，判别岩层顶、底面，以此确定地层层序。然后，通过连续观测和记录岩层产状变化，尤其是标志层的产状变化规律，判断地层是否存在对称重复出露或有规律的产状变化，以此确定褶皱的存在及其形态特征。

(二)地层的平面分布特征分析

通过地质填图，观察地层在平面上的分布情况，不仅可查明褶皱的存在，更能了解褶皱的形态和规模。即在地质图上，当同一地层界线有规律地封闭或半封闭时，如果不是地形因素所造成，则说明褶皱构造存在。若核部地层较两翼地层老，即出现地层"新包老"则为背斜构造；若两翼地层较核部老，即出现地层"老包新"则为向斜构造。在个别地区，若地层层序尚未查清，可暂时按产状区分为背形或向形。

三、褶皱的野外观察分析

自然界中的褶皱，由于形成作用、发育地层岩性等不同，其形态和构造特征也各式各样。所以，褶皱的观察和分析，一方面要了解其几何特征，另一方面也要观测其发育的岩性特征及其与其他构造的组合关系。

(一)褶皱的几何分析

要了解褶皱的几何特征，就需要分析褶皱要素、褶皱层的产状和厚度变化等，并通过地质制图，进一步研究褶皱在横剖面上、纵剖面上、平面上的特征，以揭示褶皱在三维空间的几何特征，确定褶皱的形态类型。主要有以下两方面内容。

1. 测定轴面和枢纽的产状

对规模较小，出露完整的褶皱可从露头上直接测量。对规模较大，出露不完整的褶皱，往往需要系统测量两翼褶皱面（岩层面）的产状，用几何方法或赤平投影方法来求出轴面和枢纽的产状。

2. 褶皱面弯曲形态、对称性的观察

观察各褶皱岩层弯曲形态是否协调，沿轴面的对称性，同一岩层厚度在翼部及核部有无变化等。

（二）褶皱的岩性和构造特征观察分析

1. 褶皱核部的观察

观察内容包括核部的层位、产状、岩石的破碎情况等；核部有无虚脱，虚脱部位被脉体或矿体充填情况等。

2. 褶皱内部的小构造

在褶皱形成过程中，伴生和派生了许多次级小构造，如小褶皱、节理、断层、层间滑动擦痕与破碎带、劈理与线理等，它们都有规律地发育于主褶皱的一定部位，与主褶皱有一定的几何关系，各自反映主褶皱形成时小构造所在位置岩石物质的运动特征和应力应变分布情况，有助于探讨褶皱成因机制和变形过程。

3. 褶皱与其他构造的相互关系

单个褶皱与复合褶皱及其组合关系；褶皱与断层发育及组合关系；褶皱的剥蚀、被断层破坏情况等。

（三）褶皱的形成时代分析

褶皱形成时代的确定，一般采用角度不整合分析法。但对同沉积褶皱（于岩层沉积的同时逐渐形成的）则可采用岩性厚度分析法。

1. 角度不整合分析法

主要根据反映区域构造运动幕（褶皱幕）的区域性角度不整合，来判断褶皱的形成时代。一般来说，褶皱是在掩盖它的不整合面下伏最新的褶皱岩层时代之后，在上覆最老地层时代之前形成的。这个时差，即是一次区域性角度不整合形成时代，它反映一次与之相对应的区域性褶皱形成时代。此时差愈小，所确定的褶皱形成时代愈准确。如在乌当地区观测的乌当背斜，其翼部由寒武系到三叠系组成，白垩系呈角度不整合覆于背斜地层之上，故推测其形成时代为三叠纪至白垩纪之间。

2. 岩性厚度分析法

主要根据组成同沉积褶皱的地层在剖面中的岩性及厚度变化，结合两翼产状变化来判断褶皱的形成时代。如一个同沉积背斜的顶部，岩层粒度较粗，厚度较小，甚至出现地层缺失；向两翼和向斜部位，粒度逐渐变细，厚度逐渐增大，甚至层数增多；且这种褶皱常较宽缓，顶部和槽部的岩层倾角较小，向两翼倾角逐渐增大等。上述特征表明，岩层在沉积过程中地壳发生过长期不均衡的升降运动，褶皱是在岩层沉积的同时逐渐形成的。所以同沉积褶皱的形成时代，可根据所在地层剖面中具有上述特征的地层时代进行确定。即组成同沉积褶皱的地层中，其最老地层至最新地层的时代，为该同沉积褶皱的形成时代。

第二节 节 理

节理是常见的地质构造，它是不同构造应力的产物，是分析研究构造应力场的重要材料。大多数节理的规模较小，延伸不长，但也有延伸数千米的区域性的大型节理(主节理)。

一般观察点上的节理，应注意观察其产状、性质、尾端变化、节理的充填情况等，如有共轭剪节理存在，则应查明各节理的滑动特征。如有特殊需要(如研究构造应力场、研究与流体矿产有关的问题等)，则应选择适当的节理观察点，进行节理的测量、统计工作。

一、节理观察点的选定

根据地质情况和节理发育情况选定观察点时应考虑以下几点：

(1)露头良好，最好能在三维空间观测，其露头面积一般不小于$10m^2$。

(2)构造特征清楚，岩层产状稳定。

(3)节理较发育，组系及其相互关系较明确。

(4)观察点应选在构造上的重要部位(如褶皱转折端、倾伏端、扬起端、翼部等)。

二、节理观察内容

节理的观察包括以下几个方面：

(1)地质背景的观察：如节理观察点位于褶皱的哪个部位，代表的是区域构造应力场或是局部构造应力场。

(2)节理产状、性质的确定及分类和组系的划分：系统测量各条节理的产状(如节理产状非常稳定，也可分组测量)、性质，并对节理进行分类，划分组系。

(3)对节理进行分期与配套：根据节理互相之间的交切关系(如错开、限制、互切和追踪等)，对节理进行分期，对区域性的大型节理，也可借助沿节理贯入的岩墙、岩脉判断其形成的先后顺序；根据节理的共轭组合关系进行节理的配套工作。

(4)节理发育程度的研究：节理的发育程度常以密度或频度表示，指节理法线方向上单位长度(m)内的节理条(n)。如几组节理都很陡，也可选定单位面积测定节理数。为了了解岩石的渗透性及其影响，还要计算缝隙(G)，就是节理密度(v)与节理平均壁距(t)的乘积，即 $G=vt$。

(5)节理的延伸：在观测节理顺走向的延伸上，应注意节理的平行性和延伸长度。

(6)节理组合型式的观测：多组节理常构成不同的组合形态，要注意观察节理不同的组合型式和所截切的块体所表现出的节理整体特征。

(7)节理面的观察：节理面的形态和结构、节理面的平直程度。

(8)节理充填物及含矿性的观察：应注意观察节理是否含矿及含矿节理占总节理的百分数。节理常被石英、方解石充填，应注意观测纤维状晶体的生长方位、形态及与节理壁的几何关系。

三、节理力学性质的判定

在野外应根据保存较好的节理特征，区分张节理和剪节理(主要特征对比见表 4-2)，此外，还应注意识别节理力学性质的复合现象。

表 4-2 张节理与剪节理主要特征对比

张节理主要特征	剪节理主要特征
(1)产状不稳定，延伸不远； (2)节理面粗糙弯曲，常无擦痕，多绕过砾石，如砾石被破裂开时破裂面凹凸不平； (3)节理两壁常张开，多被矿物质充填，脉壁不规则；与张节理同时生成的纤维矿物垂直于节理面生长，延伸短，尖灭快； (4)小组合形态常呈雁列式、锯齿状、放射状、同心环状、树枝状、网格状等； (5)在节理尾端多呈树枝状、杏仁状环循，以及各种不规则形态	(1)产状较稳定，延伸较远； (2)节理面平直光滑，擦痕发育，常切割砾石或粗碎屑颗粒，切割面较平直； (3)节理两壁常闭合，被矿物质充填时脉壁较平直；与剪节理同时生成的纤维状矿物平行于节理面生长，延伸较长，产状较稳定； (4)常由两组节理构成"X"形共轭节理系；各级的节理之间多呈等距离平行排列；主剪切面有时是由斜列的小节理构成的羽列带表现出来； (5)在节理尾端常形成折尾、菱形结环或直线式分叉

四、节理系统测量的记录

节理的观察和测量结果一般填入一定表格或记在专用野外记录簿中，以便整理。记录表格可根据目的和任务编制，一般性节理观察点记录表格如图 4-1 所示。

点号 及位置	层位 及岩性	岩层产状和 构造部位	节理 产状	节理性质 及特征	节理交 切关系	节理 密度	节理 充填物	备注

图 4-1 节理观测点登记表

五、节理测量资料的整理

在野外收集了大量节理测量资料后，应及时在室内加以整理，进行统计分析，以查明节理发育的规律和特点，以及形成节理的构造应力场特征。节理的整理和统计一般采用图表形式，主要有节理玫瑰花图、极点图和等密图等。

第三节 断 层

断层是一种最重要的构造形迹。沉积岩地区的地质复杂程度常取决于断层的发育程度，因此断层的研究直接决定了该区地质研究的程度。断层的野外研究内容包括断层识别，断层产状、断层运动性质观测，断层带研究，断层性质及形成时代研究等。

一、断层的识别

断层的活动特征会在产出地段的地层、构造、岩性及地貌等方面反映出来，这些特征是识别断层存在的重要依据。

（一）地貌标志（间接标志）

断层活动及其存在常在地貌上形成明显的线性特征，如：断层岩、断层三角面，山脊被错断，山脊和平原的突变，串珠状湖泊洼地，泉水的带状分布，河流的急剧转向等。

（二）构造标志（直接标志）

（1）任何线状、面状地质体沿走向突然中断或被错移。

（2）构造强化带（包括岩层产状的急变，节理化、劈理化带的突然出现，小褶皱急剧增加，挤压破碎现象和各种擦痕等）的出现。

(3)构造透镜体、断层角砾岩的出现。

(4)由一系列复杂紧密新生的等斜小褶皱组成的揉褶带的出现。

(5)断层面的直接出露。

(三)地层标志(直接标志)

走向断层造成的地层缺失或重复，是识别断层存在的重要标志。在野外，很多断层由于断层带被覆盖，构造标志、地貌标志不明显，但断层两盘的地层出现了缺失或重复，指示了断层的存在。如乌当实习区的大麻窝断层和小麻窝断层就是由地层重复识别出来的。不同性质和产状的走向断层与地层的不同组合可以造成不同的地层重复和缺失，具体情况见表4-3。

表 4-3   走向断层造成的地层重复和缺失表

断层性质	断层倾向与地层倾向的关系		
	二者倾向相反	二者倾向相同	
		断层倾角大于岩层倾角	断层倾角小于岩层倾角
正断层	重复	缺失	重复
逆断层	缺失	重复	缺失
断层两盘相对动向	下降盘出现新地层	下降盘出现新地层	上升盘出现新地层

(四)其他标志

其他标志如一定区域内岩相和厚度的急变，岩浆活动和矿化活动等。

二、断层面产状的确定

(一)直接测量

断层面直接出露地表时可用罗盘直接测量。

(二)间接测量

断层面被掩盖时可用此法间接测定断层产状。

(1)如果断面平直，地形切割强烈且断层线出露良好，可根据断层线的"V"字形法则来判定断层面的倾向，倾角可在大比例尺地形图上用"三点法"确定。如乌当实习区小麻窝断层产状可用此法测定。

(2)根据断层伴生和派生的小构造判定断层产状。如断层伴生的剪节理带和劈理带及旁侧小断层与断层面近于一致。断层派生的同斜紧闭揉褶带、片理化断层岩的面理、定向排列的构造透镜体带等，常与断层面成小角度相交，可用这些小构造的产状来近似代表断层产状。如乌当断层加油站出露点，断层带出露，但未见断面，可根据断层旁侧的小断层产状近似代表断层产状(但使用此法时，由于断层旁侧的小断层有时出露较多，产状多变，应仔细筛选)。

(3)根据三个(及以上)钻孔的钻探资料用三点法确定断层产状，或利用物探资料确定断层产状。

三、断层两盘相对运动方向的判定

断层两盘的相对运动方向是确定断层性质、分析构造运动学特征的重要依据，野外应想方设法予以确定。可根据断层两盘地层的新老关系、牵引构造、断层面上的擦痕和阶步、羽状节理、断层角砾岩等特征判定断层两盘的相对运动方向。

(一)两盘地层的新老关系

(1)对走向断层而言，老地层出露盘一般为上升盘。但应注意，如果地层倒转，或断层与岩层倾向相同，断层倾角小于岩层倾角时，老地层出露盘为下降盘。

(2)如果横断层切过褶皱，对背斜而言，上升盘核部变宽，下降盘核部变窄。向斜情况则与之相反。

(二)牵引构造

断层两盘紧邻断层的岩层，在断层活动过程中常发生明显的弧形弯曲形成牵引褶皱，这是判别断层运动方向的良好标志，牵引褶皱弧形弯曲的突出方向指示本盘的运动方向。同沉积断层形成的逆牵引构造则与之相反。

(三)擦痕和阶步

擦痕和阶步是断层两盘相对错动时在断层面上留下的痕迹。擦痕为一组比较均匀的平行细纹，是两盘岩石及磨碎的岩屑和岩粉在断层面上刻划的结果。擦痕有时表现为一端粗而深，一端细而浅的刻痕，其细而浅的一端指示对盘运动方向。如用手指顺擦痕轻轻抚摸，可以感觉到顺一个方向比较光滑，相反方向比较粗糙，感觉光滑的方向指示对盘运动方向。

阶步为一组与擦痕大致垂直的细微陡坎，据其成因可分为正阶步和反阶步两种类型。正阶步的陡坎指示对盘运动方向，反阶步的陡坎指示本盘运动方向。正阶步是断层两盘相对运动时挤压、拉断形成，陡坎下是低应力区，常有擦抹晶体发育，眉锋常呈弧形弯转且时有压碎现象。反阶步是微剪切羽列横断的结果，眉锋常呈棱角状直切。

由于断层可能经历了多次运动，在断面上擦痕和阶步可能有多组，应测量每组擦痕的侧伏角和侧伏向，并根据其交切关系确定其形成的先后顺序，从而确定断层活动的期次(最少活动的期次，因为早期的擦痕和阶步可能未能保存)和各次运动的方向。

（四）断层运动派生的旁侧构造

断层两盘相对运动过程中，常在断层两盘派生出一系列派生构造，如羽状排列的张节理和剪节理及小褶皱，可根据节理面或褶皱轴面与断层面的相互关系判断断层的相对运动方向。一般而言，张性结构面、羽状剪节理与主断层的锐夹角指示断层本盘（派生结构面所在的一盘）的运动方向；压性结构面（如派生褶皱轴面）与主断层的锐夹角指示对盘的运动方向。

（五）断层岩

在断层带中常分布有大小不同的断层岩，如构造透镜体等，如果该类断层岩（通常指粒径较大的断层岩）有规律排列，则可根据断层岩的 *AB* 面与断层面所夹锐角指示对盘运动方向。

四、断层带的观察

断层带是断层两盘相对运动时由于相互碾磨、挤压而形成的破碎带，由次级断层面和断层岩组成，其宽度相差很大，窄的不足 1cm，宽的可达数公里。

断层带的研究主要涉及断层岩的研究，由于断层从产出的构造层次上分为脆性断层和韧性断层，断层岩也相应地分为与浅层次脆性断层伴生的碎裂岩系列（以碾磨、压碎脆性变形为特征），以及与中深层次韧性断层伴生的糜棱岩系列（以固态流动形成的条带状定向构造为特征）。从结构上讲断层岩由碎粒（碎块）和基质（胶结物）构成。

断层岩是研究断层特征的一个重要手段，一般断层岩的野外研究应从如下几个方面入手。

（一）断层岩存在与否

一般而言，断层岩比较容易识别，但在某些情况下，应注意与砾岩的区别，断层角砾岩具有如下特征。

(1)砾石磨圆度差，具棱角状。

(2)分选性差，无定向排列，呈现杂乱堆积。

(3)有时其中发育着脉石，常呈细脉状或团块状。

(4)有时可见小型擦痕、镜面及断层泥。

(5)沿一定方向呈线状分布。

（二）断层岩的属性判别

断层岩是碎裂岩系或是糜棱岩系，可以指示断层的属性。碎裂岩系以碾磨、压碎脆性变形为特征，糜棱岩系以固态流动形成的条带状定向构造为特征，其矿物和颗粒常具有波状消光、膝折、变形纹、拔丝构造、核幔构造等。

（三）压性或张性角砾岩判别

判断断层岩为压性角砾岩或张性角砾岩，为研究断层相对运动方向提供依据。

（四）断层岩分带性观察

大的断层带，从中心到两侧常分布有不同特征的断层岩，反映了不同部位的不同变形特征，应仔细观察断层岩的分带性等。如乌当实习区乌当断层大桥头出露点，断层带宽约 60m，从断带中心向两侧分别分布有糜棱岩、断层角砾岩、碎裂岩、构造透镜体，反映了从中心向两侧变形逐渐减弱的规律。

（五）断层岩的成分、结构特征研究

观察断层岩的颗粒及胶结物的成分、百分比、颗粒粒度、磨圆性、定向性等特征。

（六）各种断层岩的交织、叠加和改造情况的观察

通过观察可以提供有关断层规模、活动史、活动深度的变化等有关信息。

（七）采样

根据不同的要求采取不同的岩样作室内分析，如采取一般岩样做特定矿物筛选、测定矿物形成时的温度和压力，以及采样做年龄测试，采定向标本做镜下观察等。

断层岩分类见表 4-4。

表 4-4　断层岩分类表

固结程度	结构及定向性	主导作用	基质含量及多数颗粒粒径		岩石名称
未固结的		碎裂作用	可见碎块>30%		断层角砾
			可见碎块<30%		断层泥
固结的	紊乱结构	玻璃化或部分玻璃化			假玄武玻璃
			<50%	>2mm	断层角砾岩(包括构造透镜体)
		碎裂作用	50%~90%	0.1~2 mm	碎粒岩
			>90%	<0.1 mm	碎粉岩(超碎裂岩)
	流动结构	糜棱岩化	<50%		初糜棱岩
			50%~90%		糜棱岩
			>90%		超糜棱岩

固结程度	结构及定向性	主导作用	基质含量及多数颗粒粒径	岩石名称
	变晶结构 面状定向	重结晶及 新矿物生长		千糜岩 构造片岩 构造片麻岩

注：有的习惯命名未列入表内。

五、断层性质的确定

在掌握了上述资料后，应对断层性质进行确定，即确定断层为正断层(张性)、逆断层(压性)、平移断层(剪性)或具有组合性质。一般依据如下资料进行判断。

(1)断层产状。

(2)断层两盘相对运动方向。

(3)断层岩的性质。

六、断层形成时代的确定

一般可用两种方法确定断层的形成时代。

(1)间接确定：断层是在一定的构造运动中形成的。对于一次构造运动中形成的断层，可利用断层与同期变形的地层或褶皱等的相互关系来间接确定其形成时代。如果一条断层切割一套较新地层，而被另一套较新地层以角度不整合所覆盖，可以确定该断层形成于角度不整合下伏地层中最新地层之后和上覆地层中最老地层之前。

(2)利用断层带内的物质成分进行同位素年龄测定等，确定断层形成的绝对年龄。

第四节　不　整　合

地层接触关系有整合接触、不整合接触两种基本类型，不整合接触又分为平行不整合(假整合)和角度不整合。不整合是构造运动的历史记录，不整合的识别是反推构造运动期次、强度、性质和地质发展史的重要依据，所以不整合界面是野外工作重要的观察研究对象。

一、不整合的识别

沉积间断面(不整合面)是不整合存在的根本证据。野外识别沉积间断面的标志，主要有以下三种。

(一)地层古生物标志

上、下两套地层之间缺失了某些地层或化石带(至少缺失一个化石带),它们是确定不整合面存在的重要证据。

(二)沉积标志

在不整合面上常发育有底砾岩、古风化壳、古土壤层,或保存有古风化剥蚀遗迹等。

(三)构造标志

(1)不整合面上、下地层的产状明显不同,或走向斜交,或倾角不等。

(2)不整合面上、下两套地层的构造类型、方位、期次,以及强度等截然不同。

(3)不整合面上、下两套地层所经受的变质作用和岩浆作用的强度、期次、类型等截然不同。

二、不整合类型的判定

根据地层和构造判定不整合属于平行不整合或角度不整合。

(一)平行不整合(假整合)

在沉积间断面上、下两套地层之间,如存在区域性地层缺失或化石带缺失,但间断面上下地层产状基本一致(图4-2),可确定为平行不整合。它反映了该区在下伏一套地层沉积之后,出现上升剥蚀作用,但未发生地层褶皱,之后又下降接受再沉积。

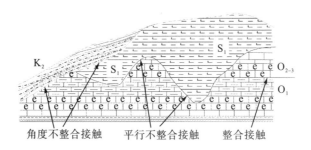

图4-2 贵阳乌当奥陶系、志留系和白垩系地层接触关系示意图

(二)角度不整合

在不整合面上、下两套地层之间不仅有区域性地层缺失,而且地层产状明显不同(图4-2)。在平面上表现为两套地层走向呈一定角度相交;在剖面上表现为两套地层倾向或倾角不同。不整合面上覆新地层界线可截割下伏不同老地层界线。

无论是平面上还是剖面上的表现，只要上、下两套地层为沉积接触，即可确定为角度不整合。这反映了该区在不整合面下伏地层沉积后，发生了一次区域性褶皱运动，或者还伴随有岩浆作用、变质作用，经褶皱上升剥蚀，之后再下降沉积。

需要强调的是，对不整合观察不能只限于局部点，需在大范围内追索其分布范围和类型变化情况。因为同一次构造运动造成的不整合在不同地区表现不一，有的地方表现为角度不整合，有的则为微角度不整合或过渡到平行不整合，甚至某些地区为整合接触。因此，观察时需注意这种变化关系，不要看到一种接触关系就在更大区域上牵强地推广。

三、不整合的观测与记录

不整合的观测与记录要点，可概括为以下几点：

（1）不整合面上、下两套地层时代，根据缺失的地层或化石带可确定不整合形成时代。

（2）不整合面的形态、古风化壳及底砾岩的特征，不整合面的含矿性等。

（3）不整合面上、下两套地层的产状、构造特征、变质程度等。

（4）不整合的空间分布及其类型变化情况等。

野外工作中，可按图 4-3 所示的格式进行不整合观测记录。

不整合类型	出露位置	下伏地层时代及产状	上覆地层时代及产状	缺失地层或化石带	不整合面形态及产状	其他特征		素描与摄影
						下伏地层	上覆地层	

记录者　　　　　　　记录日期

图 4-3　不整合观测记录简表

需要说明的是，观测研究的详尽程度与研究区内可供观测的现象多少有关。因此，记录的内容、格式也可有一定的差异。为了准确确定不整合的存在及其类型，需超出研究区一定范围，做更多的观测研究，在某些情况下（如研究区内证据不足时）尤为必要。

中 篇

乌当地质实习

第五章　实习区地质概况

第一节　地理概况

一、自然地理

1. 行政区划

乌当教学实习区位于贵阳市东北，距市中心约 20km，行政区划属贵阳市乌当区东风镇所辖。实习区地理坐标：东经 $106°46'54'' \sim 106°50'42''$；北纬 $26°36'10'' \sim 26°39'30''$。教学实习核心区域北起新庄—东风镇—赵家庄一线，南抵写字崖—小关口山腰—大关口山腰；西起小谷农冲—大对门一线，东达苗天大麻窝—新河一线天；面积约 $20km^2$。

2. 交通

实习区毗邻贵阳市中心，交通便利。由贵阳市中心到(经)实习区主要公路有水东路、北京东路、高新路、情人谷路、县道(X101)等。实习区内村村通公路。

3. 地形及气候

实习区地形总体南高北低，区内最高点位于西南马鬃岭一带，海拔约 1350m，最低海拔约 1000m，位于东北南明河下游。实习区主要由乌当盆地及其周边一系列中低山组成，平均海拔约 1100m。

实习区属亚热带季风性湿润气候，冬无严寒，夏无酷暑。年均气温约 15℃，年均降雨量约 1200mm。

4. 水系

实习区属长江流域乌江水系，区内水系发育，流经区域的主要河流有南明河、鱼洞河、鱼梁河。南明河为实习区内最大河流，由西向东沿实习区北侧蜿蜒流过。鱼梁河由南向北经情人谷、后所等地后流入乌当盆地，于头堡处与南东向流来的鱼洞河汇聚，之后往北在来仙阁附近汇入南明河。

除上述主要河流外，在实习区内如小关口、大洼、苗天等山体沟谷内，多分布季节性溪流。

二、经济地理

东风镇人口约 3 万人，主要有汉、苗、布依等民族，主体为汉族。居民多分布于乌当盆地周边村寨。

实习区内农业原以传统种植为主，曾是贵阳市重要的粮食和蔬菜基地。依托得天独厚的地理优势，现主体农业已完成转型，以生产果蔬、苗圃花卉和生态观光等经济农业为主，获得了良好的经济效益和社会效益。

在城镇化建设的推动下，区内产业近十年迅猛发展，形成了以房地产、高新产业、农副产品加工、仓储物流等为主的产业格局，区域经济水平明显提高。

实习区及周边旅游业十分发达，是贵阳市附近著名的旅游度假基地。区内旅游以休闲度假和生态观光为主，主要景区有情人谷、鱼洞峡，以及圣地庄园、洛湾国际、阿栗杨梅园等众多生态旅游和观光农业度假村。

第二节　地质研究教学史

一、地质调查研究简史

乌当地区的地质调查始于 20 世纪 20 年代末，许多著名地质学家如丁文江、王曰伦、乐森璕、蒋溶等曾先后到此做过调查。抗战期间李四光教授对该区第四纪冰川进行了系统研究，著有《贵州高原冰川之残迹》一文。新中国成立后，多个单位先后来此调查，如四普(后称八普)、云贵石油处(后称石油勘探指挥部)、贵州工学院地质系(现贵州大学资源与环境工程学院)、北京地质学院贵州地层队、地质部泥盆系专题队、贵州喀斯特队、区调队、贵阳师专、南京师院、南京地质古生物所、北京古脊椎与古人类研究所等，奠定了实习区地质调查和研究的基础。1977 年出版的《西南地区区域地层表：贵州省分册》把实习区地层层序作为黔南分区贵阳小区的代表进行了很好的总结。

其后，贵州工学院地质系的师生和其他调查研究人员在实习和科研过程中，在地层划分对比、古生物特征、岩相古地理、构造特征、油气储层特征和本区地热资源研究等方面，不断丰富和完善了乌当实习基地的地质内容。

二、地质教育史

贵州大学资源与环境工程学院(原贵州工学院地质系)自 1958 年成立来，一直以乌当地区作为野外地质教学实习基地。经过近 60 年的教学实习，实习队教师和学生对实习区地层、岩石、构造、古生物、第四纪地质等进行了深入细致的研究，对乌当地区的地质研究起到了很大的推动作用。尤其是多年地质教学实习的辛勤实践，我院对实习区经典野外地质调查路线、地质教学点等获得了丰富的资料积累，野外教学内容点、线、面结合，由浅入深，可满足不同学习目的的地质实习和科普活动。

2003 年，贵州大学乌当教学实习新基地建成并投入使用，为该区的地质教育提供了重要的教学服务保障。基地现有建筑面积 1220m²，并配备教室、食堂等，可为 120 名学生和 12 名教师提供学习和生活场所。除承担贵州大学地质及相关专业的地质教学实习外，乌当地质教学实习基地每年还面向省内外多所高校开展多批次的野外地质实习教学服务。

自乌当实习区选定以来，已成为我省最重要的地质教学实习基地，为贵州大学及兄弟院校培养了数千名合格的地质人才，为我国尤其是贵州省的地质事业做出了重要贡献。乌当实习区现已被评为"全国科普教育基地"和"省级地质公园"。

第三节 地 层

贵阳乌当教学实习区位于扬子地台南部黔南拗陷带北缘，自古生界地层起，除缺失侏罗系、古近系、新近系地层外，其余地层发育较好，出露较全，各地层单位划分标志清楚，古生物化石丰富，地层特征具有一定的代表性。自 20 世纪 20 年代丁文江、乐森璕等老一代地质学家以近代地学理论为指导开展调查与研究以来，经过近一个世纪广泛而系统的调查研究，实习区已建立起较为完善的地层系统。

一、古生界地层

本区古生界地层发育良好，是实习区主要地层。地层主要分布于乌当背斜南翼，从背斜核部往南、南东、东，地层由老到新分布。实习区内地层厚度超过 2000m。

（一）寒武系-奥陶系（∈-O）

寒武系-奥陶系地层在实习区内大洼、黄花冲、小麻窝、大麻窝、高院、小谷龙等地广泛分布，出露面积约 5.5km²，为实习区出露最老地层。地层由老到新介绍如下。

1. 娄山关群（∈-Ols）（简称 ls）

实习区出露为娄山关群上段地层，区内未见底，主要分布于乌当背斜核部大洼至小谷龙一带。地层在区内出露差，岩性较单一，以浅灰、灰白色中厚层细晶至微晶白云岩为主，局部夹厚层白云岩，化石稀少，仅见少量腕足类化石。地层在岩性上与上覆奥陶系桐梓组（O_1t）白云岩不易区分。野外常以白云岩中是否含灰黑色燧石团块或条带，以及含生物化石(海百合茎、藻席等)的多寡等作为地层判别依据。同时，由于差异风化，在娄山关群地层分布区域，风化形成的红黏土中常残余大量强风化的燧石团块，也常被用作判断地层的间接依据。

地层沿革：

娄山关群由丁文江于 1930 年命名创建，命名地点为桐梓以南娄山关附近。参考剖面位于遵义县张王坝。丁文江最初创建时称娄山关灰岩，包含地层较多。1942 年刘之远沿用此名并分之为上、中、下三部分。1945 年尹赞勋等将下、中两部分分别定名为清虚洞组和高台组，上部即为后来所指的娄山关群，时代置于中、晚寒武世。后经多名学者利用古生物化石证实，娄山关群包含有早奥陶世沉积。

娄山关群主要由白云岩和白云质灰岩组成，一般分 3 段，上段浅灰色中至厚层细晶白云岩，局部夹燧石团块或燧石条带；中段浅灰色中厚层、薄层白云岩、泥质白云岩为主，夹浅灰色角砾状白云岩；下段为灰、浅灰色中厚层至块状微晶至细晶白云岩。

2. 桐梓组（O_1t）

实习区内桐梓组（O_1t）地层主要分布于大洼、大麻窝、小麻窝及小谷龙一带。岩性主要为浅灰、灰色中至厚层夹薄层微至细晶白云岩，夹含泥质泥晶白云岩，底部有十几厘米至几十厘米的杂色含白云质泥岩。产腕足类、海百合茎、叠层石等。岩性与上覆娄山关群相似，但古生物化石含量和种类多于娄山关群地层。

地层沿革：

1940 年张鸣韶和盛莘夫将此地层称为"桐梓层"。1956 年中国区域地层表称之为"桐梓组"。命名剖面位于贵州桐梓县南 7 公里的红花园。1962 年张文堂根据三叶虫和腕足类将桐梓组界线移至原娄山关群顶部白云质灰岩之底，后沿用至今。

岩性主要由浅灰、灰黑色中至厚层夹薄层微至细晶白云岩和细至粗晶生物碎屑灰岩组成，偶夹砾屑、鲕豆粒白云岩，常含燧石团块，顶部及下部夹灰、灰绿色黏土页岩。

3. 红花园组（O_1h）

实习区内红花园组（O_1h）地层主要出露于大洼至小谷龙一带，平面上呈"香肠状"分布于桐梓组地层以南。岩性主要为灰、浅灰色厚层至块状生物碎屑泥晶至粗晶灰岩、亮晶生物碎屑灰岩，底部偶见竹叶状灰岩，常含燧石结核和透镜体。化石极为丰富，见大量海绵动物、头足类和海百合茎。与下伏桐梓组（O_1t）地层以显著的岩性，种类和数量众多的生物化石易于区别。

地层沿革：

1940 年张鸣韶和盛莘夫创立，称之为"红花园灰岩"。命名剖面位于贵州桐梓县南 7 公里红花园老街东。参考剖面为距湖北宜昌市区 7 公里的黄花场。1964 年由张文堂改称为"红花园组"，后沿用至今。

岩性主要为灰、灰黑色中厚层至块状细至粗晶灰岩及生物碎屑灰岩，常含燧石结核和透镜体，偶夹薄层灰岩及页岩。

4. 湄潭组（O_1m）

实习区内湄潭组地层主要广泛分布于龙井村、大洼、小麻窝、大麻窝、高院、小谷龙等地。按区内岩性组合把湄潭组地层分为两个岩性段。

湄潭组下段（O_1m^1）以灰绿、黄绿色夹黑褐色、紫红色含云母页岩、砂质页岩为主，夹灰色粉砂岩、钙质砂岩。下部夹生物碎屑灰岩透镜体，上部深灰黑色薄至中厚层硅质岩与土黄色泥岩、粉砂岩互层。化石丰富，见大量笔石、腕足类和三叶虫化石。

湄潭组上段（O_1m^2）下部为灰、深灰色中厚层至块状亮晶生物碎屑灰岩，上部为灰绿、黄绿色紫红色含云母页岩、砂质页岩。见大量笔石类、腕足类和三叶虫化石。O_1m^2 在实习区内岩性岩相及厚度变化均较大，主要表现在各剖面上灰岩段和砂页岩段的厚度显著变化。

湄潭组地层以大量的页岩、砂岩出现，与下伏红花园组（O_1h）地层岩性区别明显，野外地质界线清晰。

地层沿革：

俞建章于 1933 年命名"湄潭页岩"，命名剖面位于贵州湄潭县城西北 8 公里五里坡。参考剖面位于桐梓县城南 7 公里的红花园。湄潭组源于 1929 年黄汲清实测湄潭五里坡奥陶系剖面后，1933 年俞建章根据化石研究命名"湄潭页岩"，时代定为早奥陶世，其上为列氏螺层、扬子贝层及直角石灰岩层，时代定为中奥陶世。1962 年张文堂将"扬子贝层"三分，上部归入中统十字铺组，中部称"扬子贝组"，下部与列氏螺层和湄潭页岩一起称"湄潭页岩组"。1964 年张文堂等重新研究后，将扬子贝组也归入"湄潭页岩组"，并改称为湄潭组。至此湄潭组就成为在红花园组之上、十字铺组之下的一个岩石地层单位。1965 年汪啸风主张恢复湄潭组的原含义，将下部以灰绿色、黄绿色页岩为主的，夹粉砂岩、砂质页岩和透镜体或薄层状生物碎屑灰岩的地层称为湄潭组；上部以灰色中厚层灰岩、生物碎屑灰岩或瘤状灰岩与砂质页岩互层的地层称为"龙咀坝组"。

《贵州省区域地质志》（1987）将湄潭组分为两个岩性段：下段称"马路口页岩段"，相当于狭义的"湄潭组"，即以灰绿色、黄绿色页岩为主，夹粉砂岩和透镜状生物碎屑灰岩的地层；上段称"龙咀坝段"，相当于汪啸风命名的"龙咀坝组"，岩性以中厚层灰岩、生物碎屑灰岩或瘤状灰岩与砂质页岩互层。

5. 牯牛潭组（O_1g）

实习区内牯牛潭组地层主要分布于龙井村、黄花冲等地。岩性主要为灰、深灰色或微带浅肉红色的中厚层至厚层状微晶-泥晶生物碎屑灰岩、泥质条带灰岩，上部层间常夹薄层泥质或钙质页岩。化石丰富，底部见大量苔藓动物，其中上见大量腕足类、腹足类和头足类、三叶虫和海林檎等。区内牯牛潭组（O_1g）地层岩性与下伏湄潭组上段（O_1m^2）页岩、粉砂岩、泥岩易于区分，但局部（如小谷龙等地）O_1g 与 O_1m^2 的生物碎屑灰岩段接触，岩性十分相似，野外常根据地层岩石组合、岩石结构构造、古生物化石等确定地层界线。

> 地层沿革：
>
> 由 1957 年张文堂等命名的"牯牛潭石灰岩"演变而来，指庙坡组之下、大湾组之上的一套青灰色及微红色中厚层富含头足类化石的灰岩与瘤状泥质灰岩互层。命名剖面位于湖北宜昌市区西北 15km 的分乡镇南牯牛潭附近。参考剖面位于距宜昌市西北 5km 的黄花场。1974 年中科院南京地质古生物研究所将黔北地区原十字铺组底部产 *Dideroceras*（双房化石）等化石的一段鲕状石灰岩地层称为牯牛潭组，作为下奥陶统的最高层位。
>
> 岩性主要为灰色厚层粗晶生物碎屑灰岩和鲕粒灰岩或灰至深灰色（有时微带红色）中厚层至厚层微晶至细晶灰岩，含波状泥质条带。

6. 黄花冲组（$O_{2-3}hh$）

实习区内黄花冲组分布于龙井村、黄花冲等地，其中黄花冲为本地层标准剖面。岩性为浅灰、灰色厚层至块状生物碎屑泥晶至微晶灰岩。化石丰富，产大量珊瑚纲化石。区内以岩性与下伏牯牛潭组地层区分，牯牛潭组一般为泥质条带灰岩或泥灰岩，黄花冲组灰岩则质纯，且含大量珊瑚化石。

> 地层沿革：
>
> 由中科院南京地质古生物研究所于 1974 年建立。命名剖面位于贵阳市乌当黄花冲。为位于牯牛潭组之上，高寨田群之下的一段地层。1976 年贵州区调队将上部含晚奥陶世珊瑚群的一段地层单独分出，建立"龙井组"，贵州省地质矿产局（1987）认为龙井组与下伏地层岩性难以区分，应废弃"龙井组"而维持黄花冲组的原始含义。根据所含化石，黄花冲组应为一跨时的岩石地层单位，其时限大致相当于中奥陶世早期至晚奥陶世五峰期早期到中期。

（二）志留系（S）

志留系地层在实习区西侧分布于地吾、大对门、黄花冲一线，东侧分布于赵家庄一带，出露面积约 $3km^2$。地层在区内与下伏奥陶系地层呈平行不整合接触。

实习区内出露志留系地层为高寨田群（Sgz），以一层分布稳定的紫红色泥岩为标志，分为下亚群（Sgz^1）和上亚群（Sgz^2）。

区内高寨田群下亚群（Sgz^1）岩性主要为泥岩、钙质泥岩、粉砂质泥岩，上部夹石英砂岩和少量泥灰岩，底部见深灰色的底砾岩、含砾钙质砂岩、含砾钙质泥岩。化石较丰富，见双壳和腹足等化石。

高寨田群上亚群（Sgz^2）以泥岩、页岩、泥灰岩为主，夹少量砂岩和灰岩，底部有一层紫红色泥岩，为区内高寨田群上下亚群界线标志层。化石丰富，见腔肠珊瑚、腕足、双壳、腹足及头足和三叶虫等动物化石。

区内志留系地层与下伏奥陶系地层呈平行不整合接触（嵌入不整合），表现为高寨田群的钙质泥岩在不同区域分别覆于黄花冲组灰岩、牯牛潭组泥质条带灰岩、湄潭组生物碎屑灰岩之上，同时，在高寨田群地层底部，还可见底砾岩。

地层沿革：

高寨田群由 1944 年乐森璕、蒋溶在贵阳乌当高寨田命名的"高寨田页岩"演变而来。1956 年秦鸿宾将高寨田群分为上亚群和下亚群，分别划入志留系上统和中统。后又经诸多学者和单位反复研究，但因区域岩性、岩相及生物等变化较大，故一直在地层的划分和对比上存在争论。1987 年出版的《贵州省区域地质志》也将高寨田群分为上亚群和下亚群，但分别将其划入中下统和下统。高寨田群所属的贵州志留系贵阳-都匀分区，地层岩相分异复杂，标志层不清，岩性及厚度变化大，生物也不典型，所以地层划分对比较为困难，是贵州省志留系研究较差的地区。

（三）泥盆系（D）

泥盆系地层主要分布于田坝头、小关口、关山、场背后、一碗水等地，出露面积约 4.5km²。区内与下伏志留系地层呈平行不整合接触。出露地层为蟒山群（$D_{1-2}m$）和高坡场组（$D_{2-3}g$）。

1. 蟒山群（$D_{1-2}m$）

实习区内蟒山群由西向东经田坝头、后所、关山、麦让，直至一碗水，呈长条状分布。其中，雷公坡、田坝头可作为蟒山群地层的参考剖面。地层分界上以大量的质纯石英砂岩出现，可与下伏高寨田群钙质泥岩显著区分。同时，其底部常见一层约 10cm 厚的深红褐色铁质风化壳，可作为判别与志留系高寨田群平行不整合接触的依据。

地层沿革：

由乐森㻅 1929 年命名的蟒山石英砂岩演变而来。命名剖面在贵州省都匀市城西 3km 蟒山一带，具体位置现已无从查证。参考剖面位于贵阳市乌当区麦让附近。命名时称蟒山石英砂岩，系指泥盆系碳酸盐岩之下，志留系翁项群粉砂岩之上的一套巨厚层石英砂岩。后学者将整套石英砂岩改称为蟒山群。贵州省地质矿产局编著 1987 版《贵州省区域地质志》时将上覆地层修改为高坡场组，下伏地层为志留系高寨田群。

蟒山群($D_{1-2}m$)岩性以不同厚度的略带红色的浅灰白色石英砂岩为主，局部夹泥岩、页岩。根据岩性特征一般分为两个组。

乌当组($D_{1-2}w$)由原地质部泥盆系专题研究队 1965 年命名。命名剖面在贵阳乌当雷打坡。为紫红、肉红色及浅灰、灰白色薄至中厚层细粒石英砂岩、泥铁质粉砂岩夹铁质石英砂岩或鲕状赤铁矿层（厚 3m）。产鱼类化石。层位介于马鬃岭组浅灰、灰白色石英砂岩与志留系高寨田群钙质泥岩之间，与高寨田群呈假整合接触。

马鬃岭组(D_2m)由 1929 年乐森㻅命名的马鬃岭石英砂岩演变而来。1956 年原地质部泥盆系专题研究队将其改称为马鬃岭组。命名剖面乌当马鬃岭。主要为灰黄、灰白色及肉红、紫红色厚层至块状石英砂岩。产鱼类和植物化石。以灰白色石英砂岩作为底界与下伏乌当组分界。

2. 高坡场组（$D_{2-3}g$）

实习区内高坡场组由西向东经情人谷、母猪洞、关山、场背后、马蹄沟一线，呈长条状分布于蟒山群南（东）侧。岩性主要为不同层厚的深灰、灰黑色白云岩，局部夹白云质泥岩，产珊瑚、层孔虫及腕足类化石。与下伏蟒山群地层整合接触，以岩性与蟒山群石英砂岩区分作为地层分界依据。

地层沿革：

贵州区调队 1978 年命名，贵州地质矿产局 1987 年正式引用。命名剖面位于贵州贵阳市花溪区高坡场南约 3km 的水塘寨。

高坡场组为整合于下石炭统者王组灰黑色薄层含泥质灰岩与蟒山群厚层石英砂岩之间的一套白云岩，一般分 4 个岩性段：深灰、灰黑色中至厚层块状细晶白云岩、泥质白云岩；灰色厚层块状细晶至中晶白云岩，晶洞发育；浅灰、暗灰色中至厚层块状细晶白云岩，间夹薄层泥质白云岩；灰、深灰色块状细晶灰岩，局部含白云质团块及稀少的黄铁矿。

（四）石炭系（C）

平面上沿情人谷、小关口、大关口、鱼洞峡，直至苗天，由南西到北东呈条带状连续分布于乌当背斜南翼，出露面积约 $2.5km^2$。与下伏泥盆系地层呈平行不整合接触。出露地层由老到新有祥摆组（C_1x）、旧司组（C_1j）、上司组（C_1s）、摆佐组（C_1b）和黄龙组（C_2h）。

1. 祥摆组（C_1x）

实习区内祥摆组岩性为灰、灰黄、灰白色薄至中厚层石英砂岩，灰黑、黑、黄褐色页岩、砂质页岩及碳质页岩，夹煤线。地层在区内与下伏泥盆系高坡场组呈平行不整合接触，在祥摆组底部，常见厚度不等的灰白色铝土质泥岩，以及深黄褐色铁质风化壳。地层岩性可与下伏高坡场组白云岩显著区分，同时，其下部稳定分布的煤线也可在实习区用于推测地层界线。

> 地层沿革：
>
> 贵州 108 地质队 1976 年命名。命名剖面位于贵州惠水县摆金祥摆伐木场。命名时称祥摆亚段。1979 年王增吉正式引用并改称祥摆组，作为大塘阶最下面一个地层单位。
>
> 岩性主要为灰、灰黄、灰白色薄至中厚层石英砂岩与灰黑、黑、黄褐色页岩、砂质页岩及炭质页岩互层，夹 1～4 层煤或煤线，产似层状、结核状菱铁矿。

2. 旧司组（C_1j）

实习区内旧司组岩性变化大，在情人谷剖面上为深灰、灰黑色中厚层状泥晶灰岩、钙质泥岩或泥灰岩，顶部为砂岩，并以深灰黑色中厚层状泥晶灰岩出现于下伏祥摆组石英砂岩显著区分地质界线。自情人谷由西向东，灰岩层逐渐变薄，至苗天剖面则完全尖灭，自此地层岩性全相变为砂岩。由于旧司组相变后全为砂岩，与下伏祥摆组和上覆上司组地层在岩性上区分不易，所以野外填图时常将 C_1x、C_1j 和 C_1s 合并为一个填图单元（$Cx+j+s$）。

> 地层沿革：
>
> 丁文江于 1931 年命名，命名剖面位于贵州平塘县西关（旧称大塘）东 12 公里的旧司。命名时称为旧司砂岩，后又被不同学者称为旧司石灰岩或旧司层、旧司建造、旧司段等，《中国区域地层表》（草案）（1956）正式改称为旧司组。
>
> 岩性为深灰、灰黑色厚层泥晶灰岩、钙质泥岩或泥灰岩夹少量砂岩、硅质岩及硅质页岩。灰岩含泥质，局部层段含燧石团块。化石丰富，长身贝类最为发育，伴有珊瑚、腹足类、头足类、双壳类等，与下伏祥摆组和上覆上司组整合接触，以厚层块状泥晶灰岩出现作为本组底界。

3. 上司组（C_1s）

实习区内上司组岩性变化大，在情人谷剖面上为浅灰、灰色厚层至块状泥质泥晶灰岩(瘤状灰岩)，夹砂岩。见蜓类、珊瑚等化石。以厚层至块状灰岩出现与下伏旧司组顶部砂岩作地层划分依据。自情人谷由西向东，上司组灰岩迅速变薄，至大关口完全尖灭，自此地层岩性全相变为砂岩。相变后岩性与C_1x、C_1j不易区分，故常并为一个填图单元。

> 地层沿革：
>
> 1931年丁文江命名。命名剖面位于贵州独山县城南24公里的上司。层型候选剖面在平塘县西关至惠水县摆金。命名时称上司石灰岩，也有人称其为上司期或上司组，1956年的《中国区域地层表》(草案)称其为上司组，俞建章(1978)称其为上司段。
>
> 一般可分3个岩性段，下段为灰黑色厚层至块状泥晶灰岩及黑色页岩，灰岩局部含燧石团块；中段为灰白色中厚层石英砂岩、页岩夹深灰色泥晶灰岩；上段为深灰、灰黑色厚层(少许薄层)泥晶灰岩。化石丰富，主要产珊瑚、腕足类、蜓类等。

4. 摆佐组(C_1b)

实习区内摆佐组岩性为灰至深灰、暗灰色厚层至块状细晶至粗晶白云岩、灰质白云岩及白云质灰岩，岩层中夹大量方解石团块。见蜓类等化石。区内含大量方解石团块的厚层至块状白云岩，与下伏上司组瘤状灰岩或砂岩易于区分。

> 地层沿革：
>
> 1963年杨绳武、江朝洋在手稿中命名。命名剖面位于贵州贵定县城南43公里的云雾(平伐)的摆佐。贵州1：20万都匀幅正式引用。后经学者详细论述后，此组便被广泛使用。
>
> 岩性中上部为浅灰、灰、灰白色中厚层至厚层块状灰岩、白云质灰岩和白云岩；下部为灰至深灰、暗灰色中厚层至厚层白云岩及灰岩，灰岩时含泥质和燧石团块，局部夹少量角砾状灰岩、蓝绿藻灰岩及页岩。富产腕足类、珊瑚、菊石、蜓类。

5. 黄龙组(C_2h)

实习区内黄龙组为浅灰至浅灰白色中厚层至块状生物碎屑泥晶至亮晶灰岩、藻团灰岩。见大量蜓类，少量珊瑚和腕足类化石。剖面上以质纯的灰岩出现，与下伏摆佐组中-粗晶白云岩区分。由于黄龙组在区内处于石炭系与上覆二叠系的平行不整合面上，由于溶蚀作用区内分布不连续，故野外常把它与摆佐组合并为一个填图单元($Cb+h$)。

地层沿革：

由李四光、朱森于 1930 年命名。命名剖面位于江苏镇江石马庙西南 3 公里的船山的西端，参考剖面位于南京金丝岗。命名时称黄龙石灰岩，是原栖霞石灰岩中分出，归中石炭统。1962 年杨敬之、盛金章等把黄龙石灰岩改称为黄龙群。1970 年江苏区测队又改称黄龙组。

岩性为一套灰、浅灰色厚层-块状泥晶灰岩、生物碎屑灰岩、底部为亮晶灰岩，含灰质白云岩角砾、团块。富产螳类、珊瑚、腕足类化石。

（五）二叠系（P）

实习区内二叠系地层主要沿情人谷、大关口至苗天一线，广泛分布于石炭系地层南侧至东侧，与下伏石炭系地层呈平行不整合接触。主要地层有梁山组（P_2l）和茅口组（P_2m）。

1. 梁山组（P_2l）

实习区内梁山组主要为灰白色、灰色薄层至中层状细粒石英砂岩，夹褐黄色铁质泥岩、黑色碳质泥岩及薄层煤层。见植物化石。地层在区内与下伏石炭系呈平行不整合接触，表现为区内黄龙组地层由于剥蚀出现多处缺失，导致梁山组直接覆于摆佐组之上。

地层沿革：

赵亚曾、黄汲清于 1931 年命名。命名剖面位于陕西汉中南郑区梁山。梁山组包括两种岩类组合，一种由底部黏土层，中部碳质页岩和煤层，上部灰黑色钙质页岩构成的沉积；另一种由石英砂岩向上变细为粉砂岩和煤层的多个沉积旋回构成的沉积。梁山组的同义名有鄂西的马鞍山煤系或马鞍煤系、鄂东南的麻上坡煤系、赣北的王家铺煤系、川南、黔北的铜矿溪层、华蓥山的阎王沟煤系、湘西的黔阳煤系、滇东的矿山煤系、黔西南的晴隆组、黔西的歪头山煤系，以及使用组、段、层等替换"煤系"而衍生的众多名称。

在区域上梁山组是指伏于"栖霞组"燧石灰岩之下，超覆于石炭系或更老地层之上的海陆交互相的含煤碎屑岩。

2. 茅口组（P_2m）

实习区内茅口组主要为灰、浅灰色厚层至块状泥晶至亮晶灰岩、生物碎屑灰岩、白云质灰岩、白云岩。见大量螳类化石。在填图实习工作范围内，茅口组地层与其他地层主要通过断层接触。由于紧邻断层，区内所见的茅口组灰岩具有明显的白云岩化、硅化等，且岩层中发育大量方解石脉。

地层沿革：

由乐森璕 1929 年命名的茅口灰岩演变而来。命名剖面位于贵州郎岱西南 22.5 公里处的茅口河西岸。一般茅口组是指"栖霞组"燧石灰岩之上、龙潭组之下，含副隔壁蟆类的一套台地相浅色厚层块状白云岩化灰岩、白云岩。

茅口组广泛分布于广西、贵州、云南东部、四川、湖北、湖南、江西北部等地区。在标准地区，茅口组总体上由浅灰色生物屑灰岩组成，自下而上分为三段：仙人庙段、大寨段、红拉孔段。仙人庙段由浅灰色厚层块状白云岩、白云岩化的亮晶-泥晶生物屑灰岩组成，厚 350～480m；大寨段为深灰、灰色中厚层含燧石条带生物屑泥晶灰岩、局部白云岩化，厚 100～170m；红拉孔段为浅灰色厚层弱白云岩化生物屑灰岩，厚 60～130m，顶部常有岩层厚 0～20m 的灰黑至深灰色波状-透镜状压缩层理含炭泥质灰岩夹有机质钙质页岩。地层与下伏栖霞组呈整合接触，与上覆龙潭组或吴家坪组呈整合或假整合接触。

二、中生界地层

本区中生界地层主要有三叠系和白垩系。

1. 三叠系（T）

三叠系地层大面积分布于新庄、界牌、水塘寨等实习区北边界区域，整体位于乌当断层北盘，与其他地层通过断层接触。区内出露的三叠系地层主要为关岭组（T_2g）。

实习区内关岭组（T_2g）岩性主要为浅灰色、灰色薄到中层细晶至微晶白云岩、泥质白云岩。

地层沿革：

关岭组由许德佑于 1940 年命名。命名剖面位于贵州关岭县永宁镇至北极观。命名时称"关岭层"，指分布于贵州关岭县附近代表中三叠世安尼期沉积的一套以灰岩为主的地层。1959 年王钰等重新厘定含义，称关岭组。

岩性由半封闭浅海及咸化海灰岩、白云岩及黏土岩组成。底部以黄绿色玻屑凝灰岩为标志与下伏永宁镇组连续沉积。

2. 白垩系（K）

区内白垩系地层分布于乌当长坡、龙井、后所、头堡、麦让等地，平面上呈不连续块状分布于乌当盆地周边，出露面积约 $2km^2$。与下伏各时代地层呈角度不整合接触。主要地层为白垩系惠水组（K_2h）。

实习区内惠水组主要有两段，一段主要为紫红色带杂色厚层块状砾岩，中部夹含砾钙质砂岩(具板状交错层理)和含粉砂钙质泥岩；二段为紫红色块状含粉砂钙质泥岩。

> 地层沿革：
>
> 　　惠水组为新建地层单位，标准剖面位于贵州惠水县况家湾。是大致相当于晚白垩世早期的沉积。分布于黔南地区，包括惠水、罗甸、榕江和荔波等地。由山麓洪积-河流-湖相的砾岩-含砾砂岩-泥质粉砂岩和泥岩组成。
>
> 　　惠水组按岩性和岩层由粗到细的韵律性特点，可分两段，第一段由砾岩(砾石以棱角和次棱角为主)-含砾砂岩-砂质泥灰岩组成；第二段由砾岩(砾石以次圆状为主)-含砾砂岩-泥岩组成，泥岩中富含介形类。

三、新生界地层

本区新生界地层主要为第四系(Q)，集中分布于乌当盆地及区内部分低洼区域，与下伏各时代地层呈角度不整合接触。岩性为河床冲积、残坡积形成的松散泥、砂、砾等，主要区域被耕植土、人工建筑物和废弃物覆盖。

第四节　沉积环境与沉积相

乌当地质实习区经历从寒武纪到三叠纪漫长的海相沉积时期，在缺失侏罗纪地层的基础上沉积了从白垩纪到第四纪的部分陆相地层。

一、寒武系(∈)

娄山关群(∈-O_1s)。以浅灰、灰白色细晶至微晶白云岩为主，局部夹厚层白云岩，含大量燧石团块。化石稀少，仅见少量腕足类化石。以水平层理为主，见少量小型斜层理。该特征代表了局限海碳酸盐台地相的潮坪沉积环境。

二、奥陶系(O)

1. 桐梓组(O_1t)

该组为浅灰、灰色中至厚层夹薄层微至细晶白云岩，夹含泥质泥晶白云岩，底部有十几厘米至几十厘米的杂色含白云质泥岩。见腕足类、海百合茎、叠层石等。本层中下部具水平纹层及藻席纹层(图5-1)。该特征代表了局限海台地潮坪沉积环境。

图 5-1　桐梓组白云岩中的藻叠层构造(乌当大洼)

2. 红花园组(O₁h)

该组为灰、浅灰色厚层至块状生物碎屑泥晶至粗晶灰岩、亮晶生物碎屑灰岩,底部偶见竹叶状灰岩,常含燧石结核和透镜体。化石极为丰富,见大量海绵动物、头足类和海百合茎。该特征代表了开阔浅海台地相,局部有滩、礁沉积环境(图 5-2)。

图 5-2　红花园组生物礁灰岩(乌当小谷龙)

3. 湄潭组下段(O₁m¹)

该段以灰绿、黄绿色夹黑褐色、紫红色含云母页岩、砂质页岩为主,夹灰色粉砂岩、钙质砂岩,下部夹生物碎屑灰岩透镜体,上部深灰黑色薄至中厚层鲕粒硅质岩与土黄色泥岩、粉砂岩互层。见大量笔石、腕足类和三叶虫化石。本段相标志丰富,有水平层理、小型交错层理、冲洗层理、波状层理,斜层理、不对称的流水波痕、泥裂、虫迹、见底冲刷及粒序层等。该特征代表了滨岸-浅海陆棚过渡带沉积环境。

4. 湄潭组上段（O_1m^2）

该段下部为灰、深灰色中厚层状亮晶生物碎屑灰岩，上部为灰绿、黄绿色紫红色含云母页岩、砂质页岩。见大量笔石类、腕足类和三叶虫化石。

实习区该段岩性横向沉积环境变化较大，东部干榜上下部为亮晶生物碎屑灰岩，上部为碎屑岩类；中部豹子窝下部为亮晶生物碎屑灰岩，上部为碎屑岩类，但碎屑岩层明显变薄；西部岩性全部为亮晶生物碎屑灰岩。本段相标志不明显，常见水平层埋。该特征代表了由东到西其沉积环境为滨岸-浅海陆棚过渡带沉积环境至开阔海台地沉积环境（图5-3）。

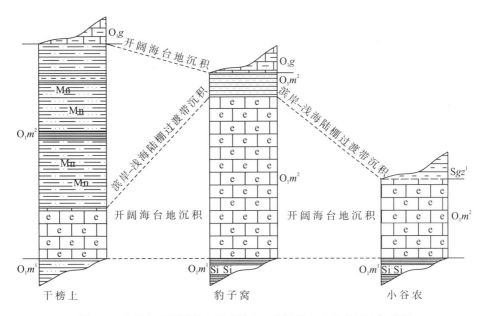

图5-3　贵阳乌当湄潭组上段干榜上—豹子窝—小谷农对比柱状图

5. 牯牛潭组（O_1g）

该组为灰、深灰色或微带浅肉红色的中厚层至厚层状微晶-泥晶生物碎屑灰岩、泥质条带灰岩，上部层间常夹薄层泥质或钙质页岩。化石丰富，底部见大量苔藓动物（图5-4），中、上部见大量腕足类、腹足类和头足类、三叶虫、珊瑚和海林檎等。从岩石组合和生物化石组合特征判断牯牛潭组沉积环境为台地边缘斜坡沉积环境。

图 5-4　苔藓虫灰岩（乌当黄花冲）

6. 黄花冲组（O$_{2-3}$hh）

该组为浅灰、灰色厚层至块状生物碎屑泥晶至微晶灰岩。化石丰富，产大量珊瑚纲化石。本组为开阔海台地沉积环境。

三、志留系（S）

1. 高寨田群下亚群（Sgz^1）

高寨田群下亚群为一套灰绿色泥岩、紫红色粉砂质泥岩、土黄色钙质泥岩与泥岩韵律层夹薄层泥质灰岩，可见韵律层理、泥裂等原生、准同生构造（图5-5）。化石较丰富，可见全老圆脐螺、曲靖链房螺等腹足类化石和方形双腔蛤、短凸弱蜓等双壳类化石。从生物组合看，志留系高寨田群下亚群生物化石组合为广盐型生物组合，沉积构造具水平层理，并具有泥裂等暴露标志，综合以上信息判断该套地层沉积环境为局限陆棚沉积环境。

图 5-5　高寨田群下亚群地层中的泥裂构造（乌当奶坡冲）

2. 高寨田群上亚群（Sgz^2）

高寨田群上亚群为一套灰绿色泥岩、钙质泥岩、土黄色泥质胶结粉砂岩、灰色薄层泥质灰岩、紫红色泥岩组合；可见波状层理、韵律层理以及对称波痕；高寨田群上亚群见悬摆状拟包珊瑚、刺壁珊瑚、竞珊瑚、志留泡沫珊瑚、福培氏蜂巢珊瑚贵定亚种等珊瑚纲动物化石，乌当始石燕、单褶始石燕、石阡条纹石燕、美好核螺贝、高寨田核螺贝、扇形尼氏石燕、翼齿贝等腕足动物化石，方形双腔蛤、短凸弱蛏、三角形角飘蛤、贵州宽髓蛤等双壳类化石，全老圆脐螺、曲靖链房螺等富足类化石以及宽边蚜头虫、似彗星虫等三叶虫类动物化石。从以上岩石组合、沉积构造和化石组合看高寨田群上亚群水体为盐度正常海洋水体，水动力较弱，沉积环境为开阔内陆棚。

四、泥盆系（D）

1. 蟒山群（$D_{1-2}m$）

泥盆系蟒山群为一套紫红色厚层-块状中粒石英砂岩、紫红色中厚层中粒石英砂岩夹薄层中粒石英砂岩与砂质泥岩组成的韵律层；可见大型冲洗交错层理、平行层理、波痕等沉积构造（图 5-6）；蟒山群中可见腕足类王氏东方石燕化石，双壳类四边形角飘蛤化石，中华贵州鱼、贵阳中华瓣甲鱼、乌当莲花山鱼以及中国沟鳞鱼等鱼类化石，夏丽安原始鳞木、乔木状拟鳞木等植物化石。从岩石组合和沉积构造分析该套地层形成环境水动力很强的滨海环境。

图 5-6　泥盆系蟒山群砂岩层面的波痕构造（乌当关山）

2. 高坡场组（$D_{2-3}g$）

该组为深灰、灰黑色中至厚层块状细晶白云岩、泥质白云岩、白云质泥岩。

产珊瑚、层孔虫及腕足类化石，双孔层孔虫是海水咸化的标志。见水平层理及波状层理。该特征代表了局限海台地沉积环境。

五、石炭系（C）

1. 祥摆组（C_1x）

该组为灰、灰黄、灰白色薄至中厚层石英砂岩，灰黑、黑、黄褐色页岩、砂质页岩及碳质页岩，夹煤线。见水平层理、板状交错层理及透镜状层理。可见大量植物化石碎片。根据岩石组合以及生物化石判断该套地层为潮坪环境沉积。

2. 旧司组（C_1j）

该组为深灰、灰黑色厚层泥晶灰岩、钙质泥岩或泥灰岩夹少量砂岩、硅质岩及硅质页岩，灰岩含泥质，局部层段含燧石团块。化石丰富，长身贝类最为发育，伴有珊瑚、腹足类、头足类、双壳类等。见水平层理及低角度交错层理。该特征代表了浅海陆棚-浅海台地沉积环境。

3. 上司组（C_1s）

该组下段为灰黑色厚层至块状泥晶灰岩及黑色页岩，灰岩局部含燧石团块；中段为灰白色中厚层石英砂岩、页岩夹深灰色泥晶灰岩；上段为深灰、灰黑色厚层（少许薄层）泥晶灰岩。化石丰富，主要产珊瑚、腕足类、蜓类等。见藻纹层及水平层理。该特征代表了浅海陆棚-浅海台地沉积环境。

4. 摆佐组（C_1b）

该组为灰至深灰、暗灰色厚层至块状细晶至粗晶白云岩、灰质白云岩及白云质灰岩，岩层中夹大量方解石团块。见蜓类等化石。见水平层理、波状层理、水平藻纹层及叠层石团块。该特征代表了开阔海台地沉积环境。

5. 黄龙组（C_2h）

该组为浅灰至浅灰白色中厚层至块状生物碎屑泥晶至亮晶灰岩、藻团灰岩。见大量碳类，少量珊瑚和腕足类化石。具水平层理。该特征代表了开阔海台地沉积环境。

六、二叠系（P）

1. 梁山组（P_2l）

该组为灰白色、灰色薄层至中层状细粒石英砂岩，夹褐黄色铁质泥岩、黑色炭质泥岩及薄层煤层。见植物化石。发育水平层理、槽状交错层理及波痕。该特征代表了滨岸带沉积环境。

2. 茅口组（P_2m）

该组为灰、浅灰色厚层至块状泥晶至亮晶灰岩、生物碎屑灰岩、白云质灰岩、白云岩。见大量䗴类化石。代表了开阔台地相沉积环境。

七、三叠系（T）

关岭组（T_2g）。该组为一套灰色、浅灰色白云岩、泥质白云岩夹黄绿色页岩；见瓣鳃类化石和双壳类化石；可见水平层理。从以上岩石组合、化石组合和沉积构造判断该区三叠系关岭组为局限台地环境的产物。

八、白垩系（K）

惠水组（K_2h）。该组一段主要为紫红色带杂色厚层块状砾岩，中部夹含砾钙质砂岩（具板状交错层理）和含粉砂钙质泥岩；二段为紫红色块状含粉砂钙质泥岩。该特征代表了洪积扇、浅湖、河流沉积环境（图 5-7）。

图 5-7 白垩系地层中冲积扇体砾岩（乌当黄花冲）

九、第四系（Q）

第四系为河床冲积、残坡积形成的松散泥、砂、砾等，主要区域被耕植土、人工建筑物和废弃物覆盖（图 5-8）。该特征代表了河流、残积沉积环境。

图 5-8　河流沉积的二元结构特征(乌当造田桥)

第五节　构　　造

实习区地质构造较发育,可观测到不同规模的褶皱构造,不同性质的断裂构造,以及加里东期(平行不整合)及燕山期(角度不整合)的构造运动面,是开展构造地质教学和科普的难得之地。

区内构造总体呈北东向展布,发育有乌当背斜和与之近同向的乌当断层。在乌当断层南盘,发育一系列近东西向逆断层,与乌当断层组成一近南北向逆冲推覆构造。

一、褶皱

乌当背斜是实习区最大的褶皱构造,区域上分布面积约 $35km^2$,轴向北东向,长约 8km。背斜核部宽缓,位于大洼一线,出露地层为寒武系娄山关群白云岩。背斜两翼不对称,南翼寒武系娄山关群到二叠系地层连续分布,岩层出露完整,倾向由西向东呈南、南东、东向转折。由于背斜南翼发育多条逆冲断层,岩层倾角变化大(一般 20°～70°),向东地层逐渐变缓。背斜北翼由于乌当断层影响,地层缺失严重,除大洼一带出露寒武系娄山关群和奥陶系桐梓组、湄潭组少量地层,以及转折端出现部分志留系和泥盆系地层外,以北多为三叠系地层。

二、断层

实习区内主要断层有近东西向的一系列逆断层和近南北向的走滑断层,其中近东西向逆断层组成一组逆冲推覆构造。

1. 乌当断层(F₁)

乌当断层是区内最大的断层构造，也是黔中地区一条区域性大断层。乌当断层经新庄、界牌、赵家庄、一碗水一线，由西—北东向贯穿乌当实习区，对区域构造单元划分和地貌特征起着控制作用。断层走向北东，倾向总体向南，倾角大(一般 75°~85°)。断层北盘主要为三叠系地层，产状变化大，南盘为地层出露完整，为实习区主要地层单元。实习区内出露多个乌当断层观察剖面，显示其多期活动特征，总体为一具走滑性质的逆冲断层。

2. 高院断层(F₂)

高院断层由大洼、小麻窝、高院、田坝头一线呈南北向延伸，北侧止于乌当断层，南侧于田坝头止于泥盆系蟒山群地层。断层两盘均由寒武系娄山关群、奥陶系、志留系等地层组成，断层线略呈舒缓"S"形态。断层走向近南北向，为一左旋走滑断层。

3. 大洼断层(F₃)

大洼断层由大洼到地久东西向延伸，西侧止于南北向高院断层，东侧止于地久，被白垩系地层掩盖。断层北盘主要为奥陶系湄潭组地层，南盘除大洼出露少量寒武系娄山关群地层外，多为奥陶系地层。断层走向东西向，倾向南，倾角大，为一逆断层。

4. 黄花冲断层(F₄)

黄花冲断层西至小麻窝，接高院断层，东止于黄花冲口被白垩系地层掩盖。断层两盘均为奥陶系湄潭组、牯牛潭组、黄花冲组等地层，北盘在黄花冲头湄潭组地层中见明显拖曳褶皱。断层走向东西向，倾向南，为一逆断层。

5. 小麻窝断层(F₅)

小麻窝断层东至小麻窝，接高院断层，西从小谷龙冲延伸至实习区外。断层两盘均为奥陶系桐梓组、红花园组、湄潭组等地层。断层走向东西向，倾向南，倾角大(约 80°)，为一逆断层。

6. 大麻窝断层(F₆)

大麻窝断层东至大麻窝，接高院断层，西从小谷龙冲延伸至实习区外。断层北盘为奥陶系桐梓组、红花园组、湄潭组等地层，南盘为奥陶系桐梓组地层。断层走向东西向，倾向南，为一逆断层。

7. 田坝头断层（F₇）

田坝头断层由田坝头处东西向延伸，东侧止于泥盆系蟒山群地层，西侧止于志留系高寨田群地层中。断层北盘主要为志留系高寨田群地层，南盘为高寨田群和泥盆系蟒山群地层。断层走向东西向，倾向南，为一逆断层。

第六节 资源环境概况

乌当实习区紧邻贵阳市中心主城区，资源利用历史悠久，开发程度高。同时，区内地质环境优越，具有重要的开发和利用价值。

一、地形地貌

实习区地处云贵高原苗岭山脉中段，受新生代青藏高原强烈抬升影响，剥蚀作用和流水侵蚀作用明显，形成典型的高原地貌。区内以乌当盆地为中心，群山环抱，四周山地为剥蚀区，盆地为沉积区，发育多种地貌类型。

1. 夷平面

实习区发育三级夷平面。一级夷平面标高 1250m 以上，位于自情人谷一线天、小关口、大关口至鱼洞峡一线的北东向延伸山脉。二级夷平面标高约 1100m～1200m，位于母猪洞、关山、高坡一带。三级夷平面标高约 1050m，位于龙井村、后所、赵家山等乌当盆地周边。

2. 河流地貌

实习区河流地貌发育。河流上游见"V"形谷(如一线天)，中下游有"U"形谷(如情人谷)，河床中可见中心滩和河漫滩(如田坝头)等。受新构造作用影响，区内发育四级河谷阶地，阶地基底主要为白垩系惠水组紫红色含砾粉砂质泥岩，盖层由第四系砾石松散堆积层及黏土层组成，见明显粒序结构。I 级阶地在造田桥及后所等现代河谷两侧可见；II 级阶地在头堡、地久等地可见；III 级阶地在东风镇中心一带可见；IV 级阶地在大平坡一带可见。

3. 溶蚀地貌

由于实习区多分布碳酸盐岩地层，溶蚀地貌类型也多见，主要有溶蚀洼地(如大麻窝、小麻窝等)、溶洞、溶沟、溶芽及落水洞等。

4. 构造地貌

实习区断裂构造发育，形成有较多构造地貌，如一碗水处由乌当断层形成的断层崖、黄花冲断层形成的黄花冲构造谷地等。

二、资源概况

1. 矿产资源

实习区及周边的矿产资源主要有煤、建筑石材、黏土、铁矿、铝土矿、硅质岩等。总体上区内矿产品位低、厚度薄，开采价值不大。而且，实习区紧邻城区，矿产开发限制性因素多，所以目前所有曾有过开采历史的矿山均已关停。

2. 地热资源

地热资源是乌当地区现正在开发利用的重要资源。现实习区周边已完成开发的有贵御温泉、保利温泉、天邑温泉等，正在建设的乐湾国际项目也在进行温泉开发。

3. 水资源

实习区内有南明河、鱼洞河、鱼梁河三条主要河流，地表水资源丰富。区内地表水除为东风镇及周边居民聚居地提供生产生活用水外，2011 年还在东风镇头堡村鱼洞峡的鱼洞河上动工建设了鱼洞峡水库。鱼洞峡水库于 2015 年投入使用，年供水量 3290 万 m^3，可日均为贵阳市新增 10 万 t 生产及生活用水。

区内地下水资源也较为丰富，分布有多个岩溶泉、断层泉、裂隙泉等井泉，如位于龙井村的龙井泉为一岩溶泉，曾是龙井村及周边的重要饮用水源。但由于城市开发的加剧，实习区内地表水和地下水均遭受到不同程度污染。

4. 地质旅游资源

实习区丰富的地质现象，形成了独具特色的地质旅游资源。区内出露完整的古生代地层，丰富的古生物化石，以及保存完好的地质构造形迹等，是开展地质考察和科普活动难得的地质遗迹。同时，区内发育的喀斯特地貌、河流地貌、丹霞地貌等，又形成了地质旅游和观光的丰富景观。所以，依托"全国科普教育基地"和"省级地质公园"的建设和完善，乌当实习区在我省的地质科普和地质旅游中发挥着越来越重要的作用。

第六章 地质实习主要内容

根据教学大纲和教学计划安排，乌当地质填图实习设置在三年级进行，实习时长为 8 周，野外工作和室内资料整理均在乌当教学实习基地完成。

第一节 参考技术标准

根据乌当填图实习采用地形图的比例尺，确定乌当填图实习的主要参考技术标准为《1：50 000 区域地质调查工作指南(试行)》(2015 年，中国地质调查局)(以下简称《工作指南》)。乌当填图实习的地质剖面测制与观测路线布置均参照该《工作指南》制定。

根据《工作指南》，每幅图每个填图单位至少应有 1~2 条实测剖面控制，对沉积岩和沉积-火山岩剖面，比例尺控制在 1：1000~1：5000。在乌当填图实习过程中，共测制 5 条实测地质剖面，比例尺 1：1000~1：2000，控制了乌当填图实习的所有填图单元，因此乌当填图实习在地质剖面测制与精度要求方面符合所参照的技术要求。

根据《工作指南》，按照野外工作不同阶段将地质观测路线划分为踏勘路线、系统观测路线和检查路线；有效观测路线总长度每百平方千米控制在 150km 以上；有效路线平均间距一般控制在 500m 左右。由于乌当填图实习的填图范围较小(约 25km^2)，且实习时间有限，因此野外观测路线直接参照"系统观测路线"的要求布置，同时根据填图性质，不另行布置检查路线；乌当填图实习共布置有观测路线 10 余条，总长度约 50km；线路间距根据地质复杂程度从 100m 到 500m 不等。因此，乌当填图实习在观测线路的布置上基本符合所参照的技术要求。

第二节 实习要求及主要工作阶段

一、实习目的

在地质类本科教学中，野外地质教学实习是学生综合能力培养最关键的环节，对激发学习兴趣、巩固理论知识、提高实践能力等有着不可替代的作用。乌当地质教学实习是我院地质类专业最重要、历时最长的一次基础地质教学实习，是在完成所有专业基础课之后，集中进行的一次综合性教学实习。通过乌当地质教学实习，不仅可以深化前期课堂教学的基本理论知识，更重要的是，通过实习过程中的亲身实践，可以有效培养和训练学生运用基本理论去解决实际地质问题的能力，促进学生对野外地质工作基本方法、基本技能的熟悉和掌握，并系统掌握地质报告的编写和图件绘制等，达到学生专业素质全面综合提升的目的。

二、实习要求

通过乌当地质教学实习，要求学生达到以下基本要求：

(1)掌握地形图的使用，定点的基本方法，并能较熟练地进行野外定点。

(2)正确熟练地使用地质罗盘。

(3)掌握地质剖面的测制方法。如分层的原则，岩石的描述方法，标本的采集，产状的测量等。

(4)掌握导线平面图及地质剖面图、实测地层柱状图的绘制方法。

(5)掌握填图单元的划分准则。

(6)熟悉地质填图方法(穿越法、追索法)运用的准则，布置地质观察路线、地质观察点的准则及观察点的记录方法。

(7)熟练掌握"V"字形法则，较为准确地勾绘地质界线。

(8)认识各种地质现象(如构造、地貌、水文地质等)的野外地质特征，掌握观察方法及描述方法。

(9)掌握一些基本的沉积相特征、沉积岩特征。

(10)熟悉黔中地区从寒武系娄山关群到二叠系梁山组的地层系统(包括白垩系)及各组、段的岩性特征、化石特征、沉积特征等及各组段的划分标志，标准化石，不整合面特征。

(11)初步具有野外地质调查工作的能力。

(12)掌握由野外草图到正规地质图的绘制方法，图切剖面及综合地层柱状图的绘制方法。

(13)初步掌握用基本理论去分析一个地区的构造组合特征及变形历史。

(14)能编写地质报告。

三、实习主要阶段

乌当地质教学实习共历时 8 周，一般分四个阶段进行：准备阶段、剖面测制阶段、野外填图阶段和报告编写阶段。

1. 准备阶段

历时约 2 天。主要内容包括：①实习动员(主要是院系领导作实习动员，介绍实习的重要性及注意事项；实习队长讲解实习大纲，明确实习任务和实习要求，实习队纪律，实习考核方式及成绩评定方法）。②完成实习分组。③准备必要的野外实习工具和试剂（罗盘、测绳、地质锤、放大镜、GPS、稀盐酸等）。④准备实习区地形图、野外记录本、铅笔、小刀、橡皮等。⑤登高望远，了解实习区的主要村落、河流、地貌状况，讲解罗盘及地形图的使用方法，野外定点的基本方法等。⑥讲解实习队纪律、实习要求，实习区的地层、岩石、构造特征及野外描述方法、剖面测制方法等。

2. 剖面测制阶段

历时约 14 天。各组学生在带队教师的带领下，完成实习区主要地层剖面的野外测量、数据整理，各时代地层剖面图、柱状图的绘制。

3. 野外填图阶段

历时约 14 天。首先在剖面测制基础上，明确填图单元的划分及相应的地层标志，根据实习区地形、地貌、地层分布及组合关系完成填图路线设计。然后以组或小组为单位，完成实习区约 20km^2 范围的野外地质填图。

4. 报告编写阶段

历时约 21 天。根据野外阶段的工作成果，对实习区地质资料进行汇总，每名实习队员完成并提交教学实习工作成果，包括《乌当教学实习报告》文本及相关图表、野外手图、野外记录本等。

第三节　地质剖面测制

本阶段旨在通过详细的野外地质剖面测量，一方面培养学生掌握野外地质填图的基本工作步骤和方法，另一方面让学生掌握实习区的基本地层组合、分布及相变特点，建立完整的地层层序。实习内容是在带队教师的指导下，完成 5 组剖面的实测工作。

教学中一般按地层由老到新进行地质剖面实测，各剖面自起点始观测地层及其主要特征介绍如下。

一、奥陶系剖面

实习区奥陶系地层经典实测剖面有 3 条，分述介绍如下。

1. 大洼-黄花冲剖面

娄山关群（Є-Ols）：为本剖面最老地层，岩性主要为浅灰、灰白色薄到中层细晶至微晶白云岩，主要特点是化石稀少，白云岩中常含大量燧石团块和条带。

桐梓组(O_1t)：岩性除底部局部夹紫红色、灰绿色页岩外，多为细晶至微晶白云岩，与下伏娄山关群(ϵ-Ols)极其相似，不易区分，一般以燧石含量明显减少，且白云岩中局部可见藻纹层和海百合茎为区分标志。剖面测量时分层依据一般以白云岩的层厚、颜色、结构及生物化石等为主。

红花园组(O_1h)：岩性主要为亮晶生物碎屑灰岩。主要特点为灰岩中含大量海绵、角石等生物化石，且局部夹较多燧石团块。本地层岩性特征明显，易于区分，剖面分层一般以灰岩的白云岩化、层厚、化石特点、夹燧石团块等为主要依据。

湄潭组下段(O_1m^1)：岩性以泥岩、页岩、粉砂岩为主，上部见薄层硅质岩与泥岩互层。地层岩性与上覆、下伏地层区别明显，易于区分。地层中含较多腕足类、三叶虫类、笔石类化石。剖面分层一般以地层中岩石的岩性、颜色、结构、层厚等为依据。

湄潭组上段(O_1m^2)：地层下部为灰-深灰色亮晶生物碎屑灰岩，上部主要为泥岩、粉砂岩。以亮晶生物碎屑灰岩与下伏湄潭组下段(O_1m^1)的碎屑岩、泥质岩为区分，标志明显。下部灰岩中含大量生物碎屑，缝合线发育，常以化石含量、层厚及局部夹泥质条带等为分层依据。上部碎屑岩、泥质岩常以岩性、结构、颜色变化作分层依据。

牯牛潭组(O_1g)：主要为含泥质条带灰岩，岩层由于含较多泥质条带，差异风化后表面常呈蜂窝状，俗称"破烂灰岩"。与下伏湄潭组上段(O_1m^2)碎屑岩、泥质岩以其岩性区分，标志明显。剖面测量时常以底部的苔藓生物、岩层厚度、泥质含量等作分层依据。

黄花冲组($O_{2-3}hh$)：岩性主要为灰色泥晶灰岩，含大量珊瑚类化石。与下伏牯牛潭组(O_1g)以其灰岩质纯且表面大量似缝合线构造为标志。剖面测量时可以层厚、似缝合线发育程度、化石含量等作为分层依据。

高寨田群下亚群(Sgz^1)：为本剖面最新地层，岩性主要为灰绿色、紫红色钙质泥岩，与下伏黄花冲组($O_{2-3}hh$)泥晶灰岩区别明显。

2. 小谷龙剖面

小谷龙剖面起始地层为娄山关群（ϵ-Ols），终止地层为高寨田群下亚群（Sgz^1），主要观测地层也为奥陶系地层，其中娄山关群（ϵ-Ols）、桐梓组（O_1t）、红花园组（O_1h）地层特征与大洼-黄花冲剖面区别不大，不再赘述。

湄潭组下段（O_1m^1）：主要岩性与大洼-黄花冲剖面相似，为泥岩、页岩、粉砂岩。不同之处在于，此剖面 O_1m^1 地层下部夹一层厚度约5m的亮晶生物碎屑灰岩，含大量腕足类化石。而且，以薄层硅质岩为标志，其上至湄潭组上段（O_1m^2）灰岩出现，碎屑岩和泥质岩段地层明显薄于大洼-黄花冲剖面。剖面测量时分层依据与大洼-黄花冲剖面相似。

湄潭组上段（O_1m^2）：地层主要为灰-深灰色亮晶生物碎屑灰岩，灰岩主要特征与大洼-黄花冲剖面相似。同时，地层顶部分布少量含泥质条带灰岩、泥质粉砂岩。地层以灰岩出现与下伏 O_1m^1 地层明显区分。总体与大洼-黄花冲剖面区别在于，地层中灰岩以上碎屑岩、泥质岩段明显变薄。剖面测量分层依据与大洼-黄花冲剖面相似。

牯牛潭组（O_1g）：岩性与大洼-黄花冲剖面相似，为含泥质条带灰岩。与下伏 O_1m^2 顶部的含泥质条带灰岩的主要区别在于：O_1g 的灰岩风化面特有的蜂窝状，以及灰岩以泥晶结构为主，而 O_1m^2 顶部的灰岩虽然部分也有泥质条带，但灰岩常为亮晶胶结结构。在此剖面上，该地层由于处于平行不整合面上，厚度仅 1m 左右，故一般不予分层。

黄花冲组（$O_{2-3}hh$）：该剖面上缺失。

高寨田群下亚群（Sgz^1）：岩性同大洼-黄花冲剖面。以岩性与下伏牯牛潭组（O_1g）灰岩明显区分。

3. 豹子窝剖面

该剖面为湄潭组上段（O_1m^2）的相变对比剖面。

湄潭组下段（O_1m^1）：薄层硅质岩与泥岩互层。

湄潭组上段（O_1m^2）：下部为灰-深灰色亮晶生物碎屑灰岩，与前两个剖面基本相同。上部含泥质条带灰岩、粉砂岩、泥岩等。总体特征，灰岩段以上碎屑岩、泥质岩段厚度明显小于大洼-黄花冲剖面，大于小谷龙剖面，而灰岩段明显厚于前两个剖面。剖面测量分层依据与前述剖面相似。

牯牛潭组（O_1g）：岩性及地层区分标志同大洼-黄花冲剖面。

奥陶系地层剖面一般根据实习要求选择 2 条剖面进行实测，近年一般实测剖面为"大洼-黄花冲剖面"和"小谷龙剖面"。

二、志留系剖面

实习区志留系地层主要实测豹子窝-母猪洞剖面，由老到新介绍如下。

湄潭组上段（O_1m^2）：下部为灰-深灰色亮晶生物碎屑灰岩，上部为含泥质条带灰岩、粉砂岩、泥岩等。

高寨田群下亚群（Sgz^1）：岩性下部以钙质泥岩、钙质粉砂质泥岩为主，中部除钙质泥岩外，见少量含泥质灰岩，上部岩石中泥质含量有减少趋势，以含泥质钙质粉砂岩与钙质泥岩为主，并出现韵律层。岩层中见大量双壳、腹足类化石。根据岩性可与下伏 O_1m^2 地层明显区分。剖面测量分层主要以岩石成分、颜色、厚度、化石等特征为依据。

高寨田群上亚群（Sgz^2）：底部为紫红色泥岩，区域分布稳定，为与 Sgz^1 的区分标志层。地层中钙质泥岩、页岩、泥质粉砂岩分布也较多，但与 Sgz^1 相比，地层中出现多层泥灰岩，中部还出现多层质纯的薄层泥晶灰岩与泥岩互层，并含有珊瑚、腕足类化石，总体与 Sgz^1 相比显现倾海洋沉积环境特征。剖面测量分层通常以岩性、颜色、化石等作为依据。

蟒山群（$D_{1-2}m$）：本剖面是最新地层，主要为浅紫红色薄-中层细粒石英砂岩，底部有厚约 10cm 的红褐色铁质风化壳，根据岩性可与下伏岩层明显区分。

三、泥盆系-石炭系剖面

实习区泥盆系地层主要实测田坝头-情人谷泥盆系-石炭系剖面，由老到新介绍如下。

高寨田群上亚群（Sgz^2）：灰绿色薄层泥岩、钙质泥岩。

蟒山群（$D_{1-2}m$）：岩性主要为略带红色的浅灰白色细粒石英砂岩，风化表面呈紫红色，局部夹泥岩、页岩，总体岩石成分较稳定，与下伏 Sgz^2 地层区分明显。野外剖面分层主要根据为岩石的层厚变化，夹泥质岩特征等。

高坡场组（$D_{2-3}g$）：地层总体主要为白云岩，岩层中晶洞发育。下部少量含砂质白云岩，近底部有一深灰黑色中层细晶白云岩，含层孔虫。中上部出现泥质岩夹白云岩。以岩性与下伏 $D_{1-2}m$ 石英砂岩明显区分。实测时常依据岩石成分、层理发育情况及厚度等分层。

祥摆组（C_1x）：岩性主要为石英砂岩，局部夹碳质泥岩、页岩，底部见薄层铝土质泥岩。根据其岩性可与下伏 $D_{2-3}g$ 白云岩明显区分。剖面分层主要依据为岩性变化。

旧司组（C_1j）：主要为深灰黑色薄-中层泥晶灰岩，夹泥岩、页岩，根据其岩性可与下伏 C_1x 地层区分。剖面分层主要依据为岩性变化。

上司组（C_1s）：灰色中-厚层含泥质条带泥晶灰岩，夹少量砂岩。灰岩表面由于差异风化呈疙瘩状，俗称"瘤状灰岩"。根据其灰岩成分、颜色及风化表面特征可与下伏 C_1j 地层较易区分。剖面分层主要依据为岩性变化。

摆佐组（C_1b）：灰至深灰色厚层至块状细晶至粗晶白云岩，局部灰质白云岩、白云质灰岩，岩层中夹大量方解石团块。根据其岩性和夹大量方解石团块可与下伏 C_1s 灰岩明显区分。野外分层主要依据为岩层岩性、厚度、方解石团块含量等。

黄龙组（C_2h）：主要为厚层-块状灰白色泥晶、亮晶灰岩，见大量䗴类化石。根据其灰岩质纯细腻的特征可与下伏 C_1b 区分。野外分层一般以结构、层厚、化石多寡等为依据。

梁山组（P_2l）：为本剖面最新地层，主要为灰黄色薄层细粒石英砂岩。根据其石英砂岩出现可与下伏 C_2h 区分。

四、石炭系剖面

实习区石炭系剖面主要实测 3 条，除上述的田坝头-情人谷泥盆系-石炭系剖面外，另实测苗天石炭系剖面，观测小关口石炭系剖面，以作田坝头-情人谷剖面的石炭系相变对比剖面，介绍如下。

1. 苗天石炭系剖面

高坡场组（$D_{2-3}g$）：剖面上出露为灰色中层细晶白云岩。

祥摆组（C_1x）：主要岩性仍为石英砂岩，局部夹碳质泥岩、页岩，但地层厚度明显大于田坝头-情人谷剖面。底部见数米厚的铝土质泥岩。地层标志及剖面分层同上。

旧司组（C_1j）：该剖面上发生相变，岩性为石英砂岩。

上司组（C_1s）：该剖面上发生相变，岩性为石英砂岩。

摆佐组（C_1b）：岩性同田坝头-情人谷剖面，以白云岩岩性区分下伏石英砂岩。分层依据同田坝头-情人谷剖面。

黄龙组（C_2h）：同田坝头-情人谷剖面。

梁山组（P_2l）：同田坝头-情人谷剖面。

2. 小关口石炭系剖面

高坡场组（$D_{2-3}g$）：同上。

祥摆组（C_1x）：同上。

旧司组（C_1j）：深灰黑色泥晶灰岩，厚度约 1m，地层厚度明显小于田坝头-情人谷剖面，且灰岩呈楔状穿插于石英砂岩中，并在剖面两侧由西向东呈现尖灭趋势。

上司组（C_1s）：该剖面上发生相变，岩性为石英砂岩。

摆佐组（C_1b）：同苗天剖面。

黄龙组（C_2h）：该剖面上缺失。

梁山组（P_2l）：岩性同田坝头-情人谷剖面，根据其岩性可与下伏摆佐组（C_1b）白云岩区分。

五、白垩系剖面

实习区白垩系地层主要实测后所白垩系剖面，介绍如下。

蟒山群（$D_{1-2}m$）：略带红色的浅灰白色薄-中层细粒石英砂岩。

惠水组（K_2h）：主要岩性为杂色块状砾岩、砖红色含砾砂岩、粉砂岩。根据其岩性可与下伏石英砂岩地层明显区分。实测剖面分层主要依据岩性变化、结构变化等，并反映地层沉积旋回特征。

第四系(Q)：残坡积黏土。

地层剖面实测结束后，实习队进行集中授课，讲授剖面资料整理、地层厚度计算方法、实测剖面图及地层柱状图的绘制方法。然后，学生根据每组野外实测地层资料，独立完成实习区实测地层剖面图、柱状图。

除以上实测剖面外，还要求完成第四系各阶地剖面的野外观察，即造田桥一级阶地剖面；乌当坝子二级阶地剖面；砖瓦厂三级阶地剖面；孤儿院四级阶地剖面。第四系阶地剖面野外观察常穿插于填图阶段进行。

第四节　地质填图

本阶段以教师带队与学生自主填图相结合，从构造简单区域入手，由易到难，难易结合，逐步使学生掌握地质填图、野外地质现象观察描述的方法。教学重点主要在于学生野外工作技能的培养，如定点技能、地质界线的勾绘、"V"字形法则的运用、野外地质点的描述、各种构造的研究方法、岩石的描述等。

考虑到实习区石炭系地层的相变、分布和组合特征，填图过程中一般对石炭系地层填图单元进行组合，将祥摆组(C_1x)、旧司组(C_1j)、上司组(C_1s)合并为一个填图单元，即 C_1x+j+s，将摆佐组(C_1b)、黄龙组(C_2h)合并为 $C_{1-2}b+h$。

实习区常规填图路线除实测地质剖面外，还包括 9 条主要观测路线，主要工作内容介绍如下。

一、大关口-渔洞峡路线

1. 路线位置

路线北起场背后，经北京东路延长线至乐湾国际东侧、大关口、花果山、渔洞峡，回到场背后，经过 2 次折返，路线全长约 6000m。填图区域基本地质特征如图 6-1 所示。

2. 主要填图内容

本路线的填图区范围内主要为一单斜构造，地质现象简单，观察到的地质内容主要有：

(1)第四系(Q)与各地层接触关系。

(2)惠水组(K_2h)与各地层接触关系。

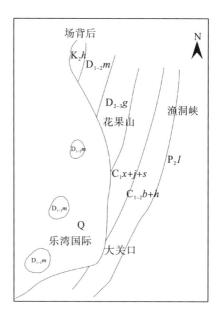

图 6-1　大关口-渔洞峡填图区域示意图

（3）蟒山群（$D_{1-2}m$）、高坡场组（$D_{2-3}g$）、祥摆组（C_1x）、旧司组（C_1j）、摆佐组（C_1b）、梁山组（P_2l）等地层的分布、岩性组合、沉积构造、化石等特征。

3. 教学重点

（1）石炭系地层相变分析。
（2）角度不整合的野外判别。
（3）地质填图"V"字形法则的运用和地质界线的现场勾绘。

二、小关口路线

1. 路线位置

路线北起后所，往南到小关口后经一次折返后回到乐湾国际，路线全长约3500m。填图区域基本地质特征如图6-2所示。

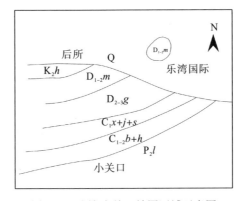

图 6-2   后所-小关口填图区域示意图

2. 主要填图内容

本路线填图区为大关口区域西侧，地质构造特点及填图内容与大关口-渔洞峡路线基本相同，主要观察地质内容有：
（1）第四系（Q）与各地层接触关系。
（2）惠水组（K_2h）与各地层接触关系。
（3）蟒山群（$D_{1-2}m$）、高坡场组（$D_{2-3}g$）、祥摆组（C_1x）、旧司组（C_1j）、摆佐组（C_1b）、梁山组（P_2l）等地层的分布、岩性组合、沉积构造、化石等特征。
（4）观测小关口石炭系剖面，分析石炭系地层相变特征。

3. 教学重点

（1）石炭系地层相变分析。
（2）地质填图"V"字形法则的运用和地质界线的现场勾绘。

三、大洼-龙井村路线

1. 路线位置

路线起于乌当坝子麦克奥迪厂，经大洼到乌当砖瓦厂，最后由东到龙井村，路线全长约 4000m。填图区域基本地质特征如图 6-3 所示。

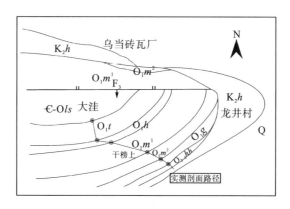

图 6-3 大洼-龙井村填图区域示意图

2. 主要填图内容

本路线填图区主要位于乌当背斜的核心部位，地质现象较复杂，主要观察地质内容有：

(1)乌当背斜核部和转折端的地层产状变化。

(2)娄山关群($\in$-Ols)、桐梓组(O_1t)、红花园组(O_1h)、湄潭组下段(O_1m^1)、湄潭组上段(O_1m^2)、牯牛潭组(O_1g)、黄花冲组($O_{2-3}hh$)、惠水组(K_2h)等地层的分布、岩性组合、沉积构造、化石等特征。

(3)大洼断层及其他小断层。

3. 教学重点

(1)大洼断层的观测与分析。

(2)背斜影响下地层产状在小范围区域内的显著变化。

(3)地质填图"V"字形法则的运用和地质界线的现场勾绘。

四、小麻窝-大麻窝-高院路线

1. 路线位置

路线北起高院垃圾填埋场，往南经小麻窝、大麻窝、高院，直至田坝头，路线全长约 6000m。填图区域基本地质特征如图 6-4 所示。

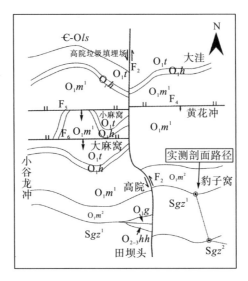

图 6-4 小麻窝-大麻窝-高院填图区域示意图

2. 主要填图内容

本路线填图区内出露地层多、断裂构造发育，地质现象复杂，主要观察地质内容有：

(1)高院断层、黄花冲断层、小麻窝断层、大麻窝断层。

(2)娄山关群($\in$-Ols)、桐梓组(O_1t)、红花园组(O_1h)、湄潭组下段(O_1m^1)、湄潭组上段(O_1m^2)、牯牛潭组(O_1g)、黄花冲组($O_{2\text{-}3}hh$)、高寨田群下亚群(Sgz^1)、高寨田群上亚群(Sgz^2)等地层的分布、岩性组合、沉积构造、化石等特征。

(3)断层影响下岩层的褶曲和岩性变化。

3. 教学重点

(1)走滑断层(高院断层)的野外观测与分析。

(2)小麻窝断层、大麻窝断层的判别及其组合特征。

(3)实习区志留系地层与奥陶系地层的接触关系。

五、小谷龙冲-地吾岭路线

1. 路线位置

路线北起新庄污水处理厂，经围坡上至小谷龙冲头，继续往南翻越地吾岭至情人谷，路线全长约 5000m。填图区域基本地质特征如图 6-5 所示。

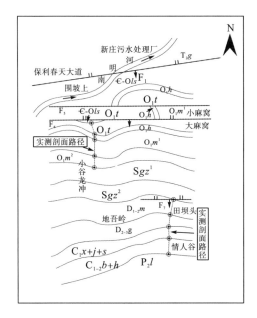

图 6-5　小谷龙冲-地吾岭填图区域示意图

2. 主要填图内容

本路线填图区内出露地层多、断裂构造发育，地质现象复杂，主要观察地质内容有：

(1) 乌当断层、小麻窝断层、大麻窝断层、田坝头断层。

(2) 娄山关群（ϵ-Ols）、桐梓组（O_1t）、红花园组（O_1h）、湄潭组下段（O_1m^1）、湄潭组上段（O_1m^2）、高寨田群下亚群（Sgz^1）、高寨田群上亚群（Sgz^2）、蟒山群（$D_{1-2}m$）、高坡场组（$D_{2-3}g$）、祥摆组（C_1x）等地层的分布、岩性组合、沉积构造、化石等特征。

3. 教学重点

(1) 大型断裂构造带（乌当断层）的野外观测与分析。

(2) 小麻窝断层、大麻窝断层、田坝头断层的判别及其组合特征。

(3) 实习区志留系地层与奥陶系地层的接触关系。

六、黄花冲路线

1. 路线位置

路线起于龙井村干榜上，向南穿黄花冲后由奶坡冲口出，路线全长约 2500m。填图区域基本地质特征如图 6-6 所示。

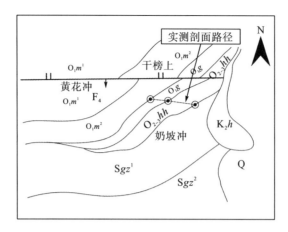

图 6-6　黄花冲填图区域示意图

2. 主要填图内容

本路线填图区内出露地层不多、构造较简单，地质现象较简单，主要观察地质内容有：

(1) 黄花冲断层。

(2) 红花园组 (O_1h)、湄潭组下段 (O_1m^1)、湄潭组上段 (O_1m^2)、牯牛潭组 (O_1g)、黄花冲组 ($O_{2-3}hh$)、高寨田群下亚群 (Sgz^1) 等地层的分布、岩性组合、沉积构造、化石等特征。

3. 教学重点

(1) 黄花冲断层的野外观测与分析。

(2) 黄花冲断层影响下 O_1m^1 与 O_1m^2 地层的空间分布特征。

七、渔洞峡-苗天路线

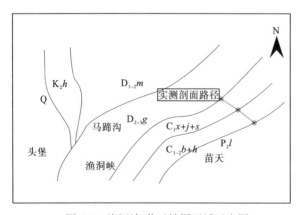

图 6-7　渔洞峡-苗天填图区域示意图

1. 路线位置

路线起于头堡，经渔洞峡、马蹄沟，至苗天，路线全长约 2000m。填图区域基本地质特征如图 6-7 所示。

2. 主要填图内容

本路线填图区范围内主要为一单斜构造，地质现象简单，观察到的地质内容主要有：

(1)惠水组(K_2h)与各地层接触关系。

(2)蟒山群($D_{1-2}m$)、高坡场组($D_{2-3}g$)、祥摆组(C_1x)、摆佐组(C_1b)、黄龙组(C_2h)、梁山组(P_2l)等地层的分布、岩性组合、沉积构造、化石等特征。

(3)喀斯特地区峡谷地貌。

3. 教学重点

(1)石炭系地层相变分析。

(2)地质填图"V"字形法则的运用和地质界线的现场勾绘。

八、赵家庄-一碗水路线

1. 路线位置

路线起于赵家庄，顺南明河左岸往东北至一碗水，然后沿南明河右岸西南向折返至麦让村，路线全长约5000m。填图区域基本地质特征如图6-8所示。

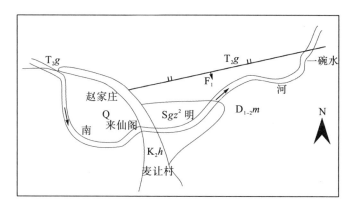

图6-8　赵家庄-一碗水填图区域示意图

2. 主要填图内容

本路线填图区范围内主要为乌当背斜北东侧转折端，地质现象较复杂，观察到的地质内容主要有：

(1)惠水组(K_2h)与各地层接触关系。

(2)高寨田群上亚群(Sgz^2)、蟒山群($D_{1-2}m$)、高坡场组($D_{2-3}g$)、祥摆组(C_1x)、茅口组(P_2m)等地层的分布、岩性组合、沉积构造、化石等特征。

(3)乌当断层。

3. 教学重点

(1)乌当断层的构造组合特征及其性质分析。

(2)乌当背斜的形态特征分析。

九、乌当盆地周边路线

1. 路线位置

路线起于东风镇实习基地，沿周边公路，经盆地周边各村寨后返回实习基地，路线全长约 15000m。

2. 主要填图内容

本路线围绕乌当盆地周边，采用追溯法，完成第四系(Q)、惠水组(K_2h)的地质界线勾绘。填图区地质现象简单，但工作范围较大。实习地质内容除第四系(Q)、惠水组(K_2h)地层及其与下伏地层的接触关系外，还观察河流沉积地貌。

3. 教学重点

(1)惠水组(K_2h)地层的平面分布及其产状特征。

(2)乌当盆地及其周边地形地貌在城镇建设活动下的变化。

实习区地质填图除上述 9 条经典地质路线外，也常根据实际实习工作安排，补充部分工作点或专项地质调查，如实习区泉点调查、矿(化)点调查等。

第五节　实习报告编制

野外工作阶段结束后，实习工作转入室内资料汇总和报告编制阶段。实习报告编制是地质教学实习的另一项重要内容，要求每个学生独立完成一份完整的地质教学实习报告，包括地质教学实习文字报告和相应的图件。地质教学实习报告的详细编制要求见第七章。

第七章　乌当教学实习成果

乌当教学实习成果分为实习报告和实习图件两部分。

第一节　实　习　报　告

一、报告提纲

实习报告一律采用 16 开"贵州大学实习报告"专用报告纸。除封面外，报告内容全部手写；提交时，采用左侧竖直胶装。

报告包括封面、目录、正文三部分。封面格式统一采用"贵州大学资环学院乌当地质实习报告"封面。目录应包括章节名称、页码、附图名称及比例尺等。报告正文参照如下提纲，具体可根据参加乌当实习的班级专业进行增减。

摘要

第一章　绪论

　第一节　实习目的与任务

　第二节　实习区地理概况

　第三节　实习区地质调查研究史

　第四节　实习工作方法及工作量

第二章　地层

　第一节　寒武系-奥陶系

　第二节　志留系

　第三节　泥盆系

　第四节　石炭系

　第五节　二叠系、三叠系

　第六节　白垩系-第四系

第三章　沉积岩与沉积作用

　第一节　沉积岩各论

　第二节　沉积作用与沉积相

第四章　地质构造

　第一节　实习区大地构造位置

二、内容提要

（一）绪论

概述实习区总体情况和实习过程。

(1)实习区地理位置、行政区划及面积。

(2)区内的自然地理特征，包括地形地貌特征、山岭及河谷的绝对标高和相对标高、露头情况、植被特征、气候特征等。

(3)区内的经济和交通概况，工业、农业的发展情况，资源开发及交通路线等。

(4)实习区所处大地构造位置，地质构造的主要特征，地质研究的历史及研究程度简述及评价。

(5)实习的组织情况，时间的安排，采用的方法、手段，完成的工作量，最终提交的成果等。

(6)附图表：交通位置图、实物工作量表。

（二）地层

先总体介绍实习区地层的发育情况；然后根据地层时代的新老关系，由老至新分节概述各时代地层的总体特征、实测剖面罗列及横向变化。

分节叙述时按岩石地层单位"系"划分各节。具体描述时先概述"系"以下岩石地层单位"组"或"群"在实习区的出露情况、接触关系等，然后再介绍实测剖面、对比剖面的基本情况。

地层概述完后，由老至新罗列经整理后的实测剖面成果；对于有对比剖面的地层，应将对比剖面成果一起罗列；报告中应附剖面缩略图。

剖面罗列完后，对于横向变化特征明显的地层，应总结其横向变化特征。

内容示例：

第一章 地层

实习区地层出露较全，从早古生界寒武系起，到古生界奥陶系、志留系、泥盆系、石炭系、二叠系，到中生界三叠系、白垩系和新生界第四系均有分布。

第一节 寒武系-奥陶系

一、地层概况

分布于实习区西部小谷农、高院及中部大洼、黄花冲、豹子窝一带。出露最老地层为横跨晚寒武世至早奥陶世的娄山关群（$\mathrm{\in}$-O_1ls），在本区未见底；奥陶系下统、中统发育较全，上统部分缺失，依次为桐梓组（O_1t）、红花园组（O_1h）、湄潭组一段（O_1m^1）、湄潭组二段（O_1m^2）、牯牛潭组（O_1g）和黄花冲组（$O_{2\text{-}3}hh$），顶部与志留系高寨田群下亚群为平行不整合接触。

实习区原有的奥陶系实测剖面位于实习区中部大洼、黄花冲一带，后由于大洼被用作垃圾填埋场，致使该剖面湄潭组一段以下地层露头遭填埋。现有实测剖面位于实习区西部小谷农，该剖面露头较好，但娄山关群与桐梓组界线不清，只能大致依岩性特征区分；顶部黄花冲组缺失、牯牛潭组不全、湄潭组二段与实习区中部存在差异。因此在实习过程中，在实习区中部干榜上至黄花冲一带补测湄潭组二段、牯牛潭组至黄花冲组，作为对现有剖面的补充。

二、剖面列述

小谷农剖面：

剖面缩略图见图 X-X（注：此处缩略图编号据实际情况书写）。

上覆地层　志留系高寨田下亚群（Sgz^1）

33 紫红色中厚层钙质泥岩。厚 2.0m。

------------------平行不整合------------------

黄花冲组（$O_{2\text{-}3}hh$）

32 灰白色厚层含泥质条带泥晶灰岩。厚 5.0m。

······

湄潭组二段（O_1m^2）

n······

桐梓组（O_1t）

n······

2 灰白色中至厚层微晶白云岩，产少量海百合茎化石。厚9.0m。
_____整合接触_____
下伏地层 寒武-奥陶系娄山关群（Є-O*ls*）
1. 灰白色中至厚层微晶白云岩。厚2.0m。

干榜上-黄花冲奥陶系湄潭组二段-黄花冲组实测剖面：
（按小谷农剖面格式列述）

三、横向变化

根据野外调查和剖面实测，实习区奥陶系地层在横向上的变化具有以下两个特点：
1. 顶部黄花冲组、牯牛潭组、湄潭组二段由西向东出露厚度不一，局部区域黄花冲组、牯牛潭组甚至缺失；
2. 湄潭组二段在实习区中部与西部沉积的岩性及厚度存在较大差异，表明当时实习区中部与西部的沉积环境不同。

（三）沉积岩与沉积作用

本章主要介绍实习区的沉积岩类型及主要沉积作用。受实习条件限制，在介绍时以肉眼能观察到的宏观特征为主，对于镜下方能见到的微观特征，如有相关资料，可作引用，但需注明出处。

根据实习内容，本章在章节安排上可分为"第一节 沉积岩各论"和"第二节 沉积作用与沉积相"进行编写，如有必要，可自行增添相关章节。

1. 沉积岩各论

根据实习区能见到的主要沉积岩类型，本节内容可按碳酸盐岩、陆源碎屑岩和硅质岩三大类进行介绍，每一大类可根据岩石学教材分类方法进一步分类介绍。如碳酸盐岩可据实习区出露情况，分为灰岩、白云岩；灰岩根据结构特征又可进一步分为生物碎屑灰岩、礁灰岩等进行介绍。在介绍某一类沉积岩类型时，应结合野外调查，重点介绍肉眼能观察到的结构特征及生物化石，同时还应将其在实习区的产出层位一并介绍。

2. 沉积作用与沉积相

以"组"或"群"为单位，根据岩石类型、结构特征，简单分析其当时形成的沉积作用和沉积环境。根据实习区沉积岩形成的沉积环境，本节可划分为陆相沉积和海相沉积进行介绍，进一步的分类介绍可以参考教师关于本部分的授课内容进行。本节应附地层对比柱状图。

(四)地质构造

本章主要介绍实习区地质构造情况，可分为"第一节　实习区大地构造位置""第二节　实习区主要构造形迹""第三节　构造组合分析""第四节　实习区构造演化"四个章节进行。

1. 实习区大地构造位置

按四级构造单元介绍实习区所处的大地构造位置，文中应附"实习区大地构造位置图"。

2. 实习区主要构造形迹

可分为褶皱、断层两部分来介绍。介绍褶皱时，应根据对实习区地形地质图的图面分析及野外调查，重点介绍实习区的主要褶皱类型、轴迹方向、两翼地层发育情况等。介绍断层时，首先应将地形地质图中的断层进行编号，然后按编号顺序，根据每条断层的野外露头情况，逐一介绍每条断层及其性质的存在及判定依据。本节根据内容，应附上相应的野外素描图及示意图。

3. 构造组合分析

根据对实习区地形地质图的图面分析以及实习区主要构造形迹，对实习区构造组合进行分析。具体内容可参考教师关于本部分的授课内容，再结合自己的分析理解进行编写，必要时应附图。

4. 实习区构造演化

根据实习区主要构造形迹、构造组合等，分析实习区的构造演化历史。包括构造运动期次、运动特征、形变特征等。具体内容可参考教师关于本部分的授课内容。

(五)地质发展简史

根据实习区出露地层时代、接触关系、主要构造形迹、构造组合、构造演化等分析实习区的地质演化历史。可分为"第一节　发展阶段划分""第二节　发展历程""第三节　地质演化基本特征"三个章节进行。

1. 发展阶段划分

根据实习区地质事件所反映的地壳演化特点，划分实习区地质发展阶段。

2. 发展历程

根据划分的地质发展阶段，简述每个阶段的发展历程及特点。

3. 地质演化基本特征

根据每个阶段的发展历程及特点，从地壳演化、沉积作用、构造发展三个方面总结实习区地质演化基本特征。

(六)资源环境

本章可分为"第一节　矿产""第二节　水文"和"第三节　其他"几个章节来进行编写。

1. 矿产

介绍实习区的矿产资源类型、赋存层位以及开发利用情况等。具体内容可参考教师关于本部分的授课内容，以及实习过程中的现场调查情况进行编写。

2. 水文

可分为地表水和地下水两部分内容来介绍。地表水应介绍实习区所处流域、主要地表水系情况(包括名称、长度、流向等)；地下水应介绍实习区主要的地下水类型、补给条件、流向等。

3. 其他

主要介绍实习区其他资源，如土地资源、旅游资源等。

(七)结束语

对整个实习进行总结与评价。取得哪些成绩，存在哪些不足，并对今后的实习提出建议。最后应对实习过程中别人给予的帮助进行感谢。

(八)主要参考文献

对报告中引用的参考文献应按照引用的先后顺序逐一列出，格式参照实习指导书参考文献格式。

第二节　实习图件

一、实测剖面图与实测柱状图

乌当教学实习在剖面测制阶段总共要测制 5 条实测剖面，分别是：
(1)小谷龙奥陶系剖面；
(2)干榜上-黄花冲奥陶系湄潭组二段-黄花冲组剖面；
(3)豹子窝-母猪洞志留系高寨田群下亚群-高寨田群上亚群剖面；

(4)田坝头-情人谷泥盆系-石炭系上司组剖面；

(5)苗天石炭系剖面。

每条剖面均要求绘制实测剖面图和实测柱状图，全部用铅笔绘制。根据实习的填图比例及相关规范要求，每条实测剖面的绘制比例如表 7-1 所示。

表 7-1 乌当教学实习实测剖面绘制比例尺一览表

序号	剖面名称	绘制比例
1	小谷龙奥陶系剖面	1：1000
2	干榜上-黄花冲奥陶系湄潭组二段-黄花冲组剖面	1：1000
3	豹子窝-母猪洞志留系高寨田群下亚群-高寨田群上亚群剖面	1：2000
4	田坝头-情人谷泥盆系-石炭系上司组剖面	1：1000
5	苗天石炭系剖面	1：500

（一）实测剖面图的绘制

实测剖面图的测制方法参见本指导书第二章，本节主要对剖面图的图面布置格式作统一要求。如图 7-1 所示，实测剖面图的图面布置可划分为标题及比例尺、导线平面图、剖面图、图例、图签和图框 6 部分。

1. 标题及比例尺

标题及比例尺位于图面最上部，内容为剖面名称及比例尺，具体内容可参照表 7-1；字体采用宋体，大小根据图面内容自行确定，原则是与图面整体布置协调。

2. 导线平面图

导线平面图要求按照确定的投影基线方向，沿图面水平方向布置导线平面图，具体有以下要求：

(1)每条导线上的测站点均应以圆点的形式加强显示，并标注测站号。

(2)若一条剖面为满足投影精度要求而拆分为几条投影基线，应根据每条投影基线的方向，在对应的导线平面图的起始测站点处，用箭头标示出该投影基线对应的正北方向。

(3)若剖面在测制过程中进行了"移层"，则移层后的投影基线与未移层的投影基线在水平方向上间隔约 40mm 布置，同时在移层后的起始测站点处用箭头标示出该投影基线对应的正北方向。

(4)将采用的产状用平面产状符号，根据实际测量位置标注在导线相应位置；根据《区域地质图图例》(GB 958—99)，产状符号走向线长 5mm，倾向线长 1mm。

3. 剖面图

剖面图布置在导线平面图下方，具体有以下要求：

(1)地形线最高点与导线平面图投影基线的垂直距离应控制在 50~80mm。

(2)地形线起点与终点应严格与相对应的投影基线的起点与终点对齐。

(3)地形线绘制完成后，据实测数据经由导线平面图，将各地层界线点竖直投影至地形线上，投影关系用竖直虚线表示出来，然后按视倾角绘制各地层界线。

(4)在绘制地层界线时应据岩石地层单位级别，按照系、组(群)、层的先后顺序进行，即先绘制系与系之间的界线，再绘制组(群)与组(群)之间的界线，最后才是组(群)内部的层与层之间的界线。

(5)绘制地层界线时应注意图面上各级地层界线的长短关系，即系与系之间的界线应最长、组(群)之间的界线次之、各层之间的界线最短，具体长度应据地形线坡度具体调整。

(6)地层界线绘制完成后，即可根据实测资料绘制界线间的岩性花纹；岩性花纹的绘制范围应大致控制在与地形线平行的 10~15mm 范围内；岩性花纹层理线的长度应比层之间的界线短；当地层界线间的产状不一致时，在两条不同视倾角的地层界线间的岩性花纹应通过曲线逐渐实现角度过渡，不能生硬地将不同倾角的岩性花纹以"尖角"的形式接触在一起。

(7)岩性花纹参照《区域地质图图例》(GB/T 958—2015)进行选择；在绘制时应通过层理线的宽度，将岩层的层厚表示出来，为统一要求，本指导书作以下统一规定：薄层 1mm、中层 2mm、厚层 3mm、块状 4mm。

(8)地形线、岩性花纹绘制完成后，应将地层代号、分层号标注在相应位置。字体采用宋体，大小要有层次；地层代号字体应大于分层号，同一类标注的字体大小应一致。

(9)根据导线平面图中产状的标注位置，在剖面图中地形线上方用剖面产状符号将对应的产状标注出来；注意水平线段上方数字为倾向、下方数字为倾角；标注时应注意字体大小、线段长度一致。

(10)坐标轴标注在剖面图左侧，长度根据地形线的最高高程和最低高程确定；将坐标轴以 1cm 为单位，用刻度线等分为若干段，根据比例尺给每一刻度标注高程；注意标注高程应为 5、10 的整数倍，不能带小数；同一剖面中，拆分剖面共用同一坐标轴，移层剖面另外绘制坐标轴；坐标轴上方标注"高程(m)"字样。

(11)选择剖面图左侧上方适当位置，用水平箭头标注剖面方向；箭头样式参见图 7-1。

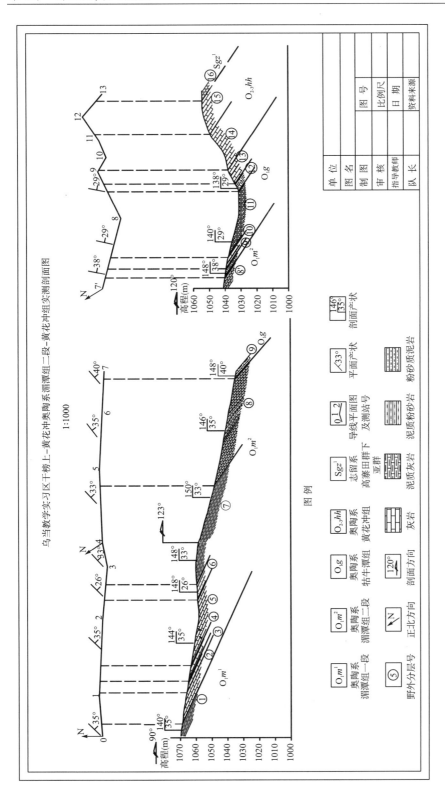

图 7-1 乌当教学实习实测剖面图图面布置示例

4. 图例

图例布置在剖面图下方，具体有以下要求：

(1)图例图框按长 15mm、宽 10mm 绘制。

(2)根据图面内容统计图例个数；根据统计个数确定图例布置的行数、列数、间距等参数；排序时按照先地层代号，后岩性花纹，最后其他符号的原则布置；注意布置时应考虑图面整体效果，图面右下角应留出图签位置。

5. 图签

图签布置于图面右下角，格式及绘制尺寸参见图 7-2。

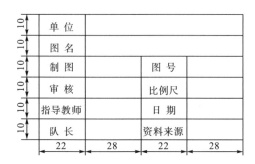

图 7-2　乌当教学实习图签格式及绘制尺寸(单位：mm)

6. 图框

以上内容绘制完成后应加上图框。绘制图框时，应根据图面内容确定其大小，注意避免因图框过大，而使图面显得空虚；采用双线图框，内框与外框间距 3mm，外框线条应比内框线条粗。

（二）实测柱状图的绘制

实测柱状图的绘图比例与实测剖面图一致(表 7-1)。柱状图的表头样式及尺寸参见图 7-3，例图参见图 7-4。绘制时具体有以下要求：

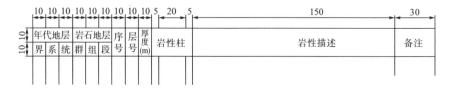

图 7-3　"实测柱状图"表头及尺寸(单位：mm)

黄花冲奥陶系牯牛潭组－黄花冲组实测柱状图

比例尺 1:1000

年代地层			岩石地层			序号	层号	厚度(m)	岩性柱	岩性描述	备注
界	系	统	群	组	段						
早古生界	志留系	兰德维里统	高寨田群下亚群(Sgz¹)			1	7	4.3	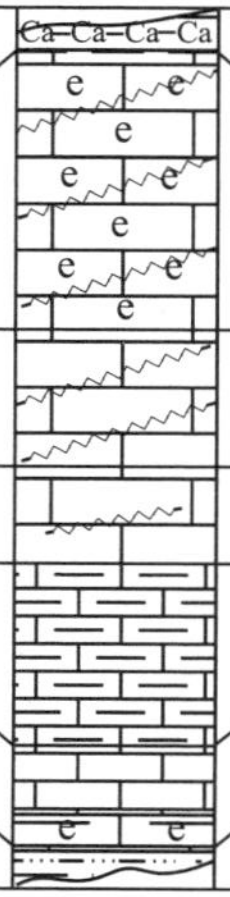	灰绿色中至厚层钙质泥岩	
	奥陶系	上中统		黄花冲组 (O₂₋₃hh)		2	6	27.7		灰白色厚层至块状泥晶灰岩。似缝合线发育，含大量生物化石，有珊瑚、腕足类、腹足类等	
						3	5	14.3		灰白色厚层至块状泥晶灰岩。似缝合线发育	
						4	4	9.3		灰白色厚层至块状泥晶灰岩，见少量似缝合线	
						5	3	18.2		浅灰色中至厚层泥质灰岩。表面风化呈条带状	
		下统		牯牛潭组 (O₂g)		6	2	10.5		底部为灰白色厚层泥质灰岩,泥质分布不均,风化面呈瘤状类突起;见苔藓虫化石,本层上部为浅肉红色厚层状壳屑灰岩,上中部为灰白色厚层夹中厚层泥晶灰岩	
				湄潭组	二段 (O₁m²)	7	1	3.4		黄褐色中厚层泥质粉砂岩	

图7-4 乌当教学实习实测柱状图图例图

(1)柱状图上方需注明图名及比例尺,字体采用宋体,大小据图面确定;表头绘制完后先画岩性柱,按地层新老关系,由上到下绘制。

(2)绘制岩性时,应根据各层的岩性描述进行,尽量做到图文一致;岩性花纹参照《区域地质图图例》(GB 958—99)进行选择;在绘制时应通过层理线的宽度,将岩层的层厚表示出来:薄层1mm、中层2mm、厚层3mm、块状4mm。

(3)地层单元间的非整合接触关系在"岩性柱"一栏中应通过线型表示出来:平行不整合用虚线、角度不整合用波浪线、断层接触用红色实线,同时在备注一列的交界线上用文字标注。

(4)因剖面顶、底地层厚度不完整,因此柱状图中"岩性柱"一列的剖面顶、底地层应画上岩性省略符号;在"厚度"一列的实测数值前应加上">"符号。

(5)岩性柱绘制完成后,应根据各层的厚度、岩性描述内容的多少,在岩性柱两侧确定以各层相对应的"行",确保两侧的"行"相互对齐;绘制岩性柱两侧指引线时,应确保与各自的"行"正确连接。

(6)表中各行的"行高",一定要根据各层的厚度及岩性描述内容的多少合理确定,不能出现因行高不合理,而使岩性柱底部与表格底边不在同一水平线上,导致岩性柱底部单独"凸出"或"凹进"的情况出现。

(7)柱状图中各项文字标注的字体均采用宋体,大小可据图面自行确定,但大小应一致。

(8)"岩石地层"一列中,在填表时,高一级的岩石地层单位可向下合并次一级的地层单位;低一级的岩石地层单位不能向上合并高一级的地层单位。如表中所示的"高寨田群下亚群",其下没有再划分低一级的地层单位,因此填表时可向下合并"组""段";再如"黄花冲组",向上没有划分"群",向下没有划分"段",因此填表时可向下合并"段",但不能向上合并"群"。

二、乌当教学实习区地质图

"乌当教学实习区地质图"是乌当教学实习的综合性成果图,如图7-5所示,由标题、综合柱状图、地形地质图、地质剖面图、图例及图签6部分组成。制作过程可划分为:资料整理、图面布置、标题书写、综合柱状图绘制、地形地质图绘制、地质剖面图绘制、图例绘制、图签绘制及上色9个步骤。

(一)资料整理

在制作地质图前,应先对收集的野外资料进行整理,以方便作图。整理内容包括:填图范围各地层单元的名称、时代、接触关系、厚度、主要岩性特征及沉积相;各条断层的编号及性质;图例个数。资料整理时应注意以下两点:

(1)填图范围内部分地层单元没有实测,其厚度、主要岩性特征等不详,可通过查阅区域地质资料来获取。

(2)实测地层的岩性特征不能完全照搬实测柱状图中的描述,应进行提炼、总结,反映其主要岩性特征。

(二)图面布置

"乌当教学实习区地质图"所有内容布置于 70cm×50cm 的坐标纸背面(白面),图面布置参考《固体矿产勘查地质图件规范图示》(地质出版社,2009)中的"区域地质图"图示。制作前,可根据综合柱状图长度、采用地形图大小、地质剖面长度、图例个数、以及本书提供的各项表格尺寸,在图纸上事先用铅笔划出各部分内容的绘制区域,具体可参照图 7-5。

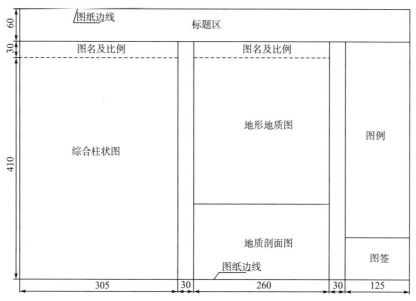

图 7-5　"乌当教学实习区地质图"图面示例(单位:mm)

(三)标题书写

标题位于图面最上部,内容为"乌当教学实习区地质图";字体采用宋体,大小根据图面确定,应尽量做到协调、美观;先用铅笔书写,确认无误后用黑色中性笔上墨。

(四)综合柱状图绘制

综合柱状图布置于图幅左部,绘图比例尺 1:5000,制作流程分为:表头及岩性柱绘制、内容填写和上墨三个步骤。

1. 表头及岩性柱绘制

表头及尺寸详见图 7-6,绘制时有以下要求:

(1)先用 HB 铅笔绘制；表头上方注明图名及比例尺；字体宋体，大小据图面确定；表头绘制完后先画岩性柱，按地层新老关系，由上到下绘制。

(2)实测地层单元的图上厚度，根据实测数据结合绘图比例换算得到；当换算的图上厚度小于 5.0mm 时，按 5.0mm 绘制。

(3)未实测地层单元的图上厚度，根据查阅的资料数据结合绘图比例换算后，按以下四种情况处理：

a、若换算后的图上厚度小于或等于 5.0mm，则按 5.0mm 绘制；

b、若换算后的图上厚度大于 5.0mm，小于或等于 10mm，则按实际换算数据绘制；

c、若换算后的图上厚度大于 10mm，岩性柱中添加岩性省略符号，按 10mm 绘制；

d、因寒武-奥陶系娄山关群(ϵ-Ols)在实习区内出露不全，实际厚度按>50m 计，图上厚度按 10mm 绘制，岩性柱中添加岩性省略符号。

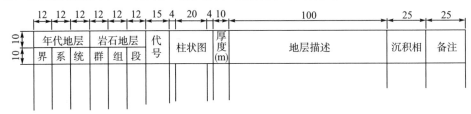

图 7-6　"综合柱状图"表头及尺寸(单位：mm)

(4)绘制岩性时，应根据各地层单元的主要岩性特征进行；岩性花纹参照《区域地质图图例》(GB 958—99)进行选择；在绘制时应通过层理线的宽度，将岩层的层厚表示出来：薄层 1mm、中层 2mm、厚层 3mm、块状 4mm。

(5)地层单元间的非整合接触关系在"岩性柱"一列中应通过线型表示出来：平行不整合用虚线、角度不整合用波浪线、断层接触用红色实线；同时在备注一列的交界线上用文字标注。

(6)存在相变对比剖面的地层单元，应根据对比剖面的数量、地理位置，将岩性柱拆分成相应的几部分绘制，岩性柱长度以图上厚度小的为准，长的岩性柱中间画岩性省略符号。

2. 内容填写

岩性柱绘制完成后，应对岩性柱两侧的相应内容进行填写，填写时注意以下问题：

(1)填写前应根据各地层单元的岩性描述内容的多少、图上厚度，绘制与各地层单元相对应的"行"，同时应确保两侧的"行"相互对齐；绘制岩性柱两侧指引线时，应确保与各自的"行"正确连接。

综合地质柱状图

比例尺 1:5000

界	系	统	群	组	段	代号	柱状图	厚度(m)	地层描述	沉积相	备注
新生界	第四系					Q		0-10			角度不整合
中生界	白垩系	上统		惠水组		Kh		180			角度不整合
中生界	三叠系	中统		关岭组		Tg		200			断层接触
晚古生界	二叠系	中统		茅口组		Pm		400			断层接触
	二叠系	下统		梁山组		Pl		7-35			平行不整合
	石炭系	上统		黄龙组		Ch		0-35			
	石炭系	下统		摆佐组		Cb		40			
				上司组		Cs		12			
				下司组		Cj	Cx+j+s	13 / 37			
				祥摆组		Cx		10			平行不整合
	泥盆系	上统		高坡场组		Dg		90			
	泥盆系	中统—下统	蟒山群			Dm		258			平行不整合
	志留系	中统	上高寨田群			Sgz²		291			
早中生界	志留系	下统	下高寨田群			Sgz¹		283			平行不整合
	奥陶系	中上统		黄花冲组		Ohh		0-52			
				牯牛潭组		Og		0-26			
	奥陶系	下统		湄潭组	二段	Om²		91 95			
				湄潭组	一段	Om¹		155			
				红花园组		Oh		31			
				桐梓组		Ot		41			
	寒武系	中上统		娄山关组		ls		>50			

图 7-7 "综合柱状图"示例

（2）存在相变对比剖面的地层单元，其岩性柱两侧的"代号""地层描述"及"沉积相"三栏，也应拆分成与岩性柱相对应的几部分填写相应内容。

（3）一定要根据各地层单元岩性描述内容的多少、图上厚度，合理确定各"行"的行高，避免出现因行高过小，不能满足岩性描述内容书写要求，或因行高过大而岩性描述内容又相对较少，而使图面显得过于空洞；更应杜绝因行高不合理，而使"岩性柱底部单独"凸出"或"凹进"的情况出现。

3. 上墨

柱状图绘制完成、检查无误后，用中性笔对图中线条、文字上墨；除岩性柱中断层接触用红色表示外，其余全部用黑色。

图 7-7 为"综合柱状图"示例。图中实测地层单元厚度仅作示例，具体以实测数据为准。

（五）地形地质图绘制

布置于图幅中部。先在地形图上绘制完成，再裁剪、粘贴至图纸上。制作流程如下：

现将制作步骤及要点详述如下。

1. 清绘底图的准备

野外手图一般较凌乱，不能直接作为清绘底图，需经过室内整理，将图面内容修改、取舍后，腾挪到另一张图上作为清绘底图。制作清绘底图时有以下要求：

（1）当天的野外工作成果，必须当天整理后，及时腾挪到清绘底图上。

（2）清绘底图上的内容应包括：野外定点及编号、各填图单元界线及代号、断层及编号、各地质体的产状等；另外，根据不同专业的侧重点，也可按照教师要求，将野外确定的泉点、地质灾害点等腾挪到清绘底图上。

（3）清绘底图上各地质体的线型、符号应按照《区域地质图图例》（GB/T 958—2015）的要求绘制。

（4）据《区域地质图图例》（GB/T 958—2015），绘制平面产状符号时，走向线按长度 5mm、倾向线按长度 1mm 绘制。

（5）绘制清绘底图时，除野外定点及编号外，其他内容可先用 HB 铅笔绘制，当野外工作结束，手图上的内容全部腾挪到清绘底图上，并确认无误后，再用中性笔给图上的线条、标注上墨；上墨时，除表示断层的线条及编号用红色外，其余全部用黑色。

2. 地形地质图的制作

地形地质图是以清绘底图作为清绘蓝本完成的，其制作过程分为清绘、上墨、裁剪和粘贴 4 个步骤。

(1)清绘。清绘是指将清绘底图上除野外定点及编号外的内容准确无误的勾绘到新地形图上。清绘工作在透图台上完成；清绘前，按清绘底图在下、新地形图在上的顺序，将清绘底图与新地形图完全重合，并用透明胶固定；清绘时先用 HB 铅笔勾绘，确认无误后才能给各项内容上墨。

(2)上墨。上墨是指给新地形图上用铅笔勾绘的线型、标注、符号等用中性笔定色，以突出显示；上墨时各填图单元界线及其代号、产状采用黑色中性笔，断层及其编号采用红色中性笔。

(3)裁剪。上墨结束后将原地形图左、右及上部边缘空白部分沿图框裁掉，下部在保留原有图示比例及测绘信息的前提下，裁掉多余部分。

(4)粘贴。将裁剪好的地形地质图粘贴至图纸上相应位置，其正上方用黑色中性笔标注图名"地形地质图"及"比例尺 1∶25000"；字体宋体，大小要适宜。

(六)地质剖面图绘制

地质剖面图布置于地形地质图下方，制作流程如下：

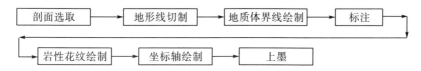

现将制作步骤及要点详述如下。

1. 剖面选取

对乌当教学实习而言，一般绘制两条剖面，剖面选取主要按照以下原则：
(1)尽量垂直地层走向布置；
(2)尽可能切穿所有地层；
(3)尽可能多地反映构造现象。

根据以上原则，一般在实习区高院断层东、西两侧选取两条剖面，同时在地形地质图上绘制剖面线并编号；为方便读取高程，剖面线的两端可直接置于等高线之上。

2. 地形线切制

绘制地质剖面的第一步，是切制地形线，方法如下：
(1)在剖面绘制区域绘制与剖面线等长的水平线，其左右两个端点分别与剖面线的两个端点相对应；注意其在剖面绘制区域的位置，要能满足剖面地形、岩性花纹、坐标轴绘制及文字标注的要求。

(2)剖面线与所经过的等高线都有一个交点,在水平线段上标出这些交点的对应位置,然后以水平线段左端点为基点,根据各交点所代表高程与水平线段左端点所代表高程的高差,在水平线段上下两侧(高差为正值时,点在上方;负值时在下方)标出对应交点在剖面线所代表的垂直投影面上的位置,用平滑曲线连接,即得到所需地形线。需注意的是,各交点与水平线段左端点的高差,应根据作图比例换算成图上距离。

(3)在地形线上标注出剖面线所经过的主要居民区、河流、道路等地物。

3. 地质体界线绘制

地质体界线包括填图单元界线和断层线,绘制方法如下:

(1)将剖面线所经过的地质体界线,按平距垂直投影到地形线上,并标出位置。

(2)根据地质体产状与剖面线方向的关系,在剖面上以视倾角画出地质体界线。

(3)地质体界线在最初绘制时可适当加长,待岩性花纹绘制完成后,根据图面结构再作调整。

4. 标注

地质体界线绘制完成后,应将剖面方向、各填图单元代号、断层编号、采用的地层产状等标注在剖面相应位置;标注产状时应注意,指引线应指向产状测量位置,另外,指引线上方标注倾向,下方标注倾角。

5. 岩性花纹绘制

标注完成后,应根据各填图单元的岩性,绘制岩性花纹,具体有以下要求:

(1)不同岩性对应的岩性花纹应参照《区域地质图图例》(GB 958—99)选取。

(2)应根据各地层单元的主要岩性特征绘制岩性花纹,尽量将各地层单元的主要岩性特征反映出来。

(3)岩性花纹应按视倾角来绘制,视倾角大小应根据相应位置上标注的产状查表得出。

(4)当没有断层影响、地层产状发生变化时,两产状之间岩性花纹的视倾角应逐渐过渡,不能出现岩性花纹线条相互斜交的情况。

(5)岩性花纹绘制的宽度范围应大致控制在与地形线平行的10～15mm范围内。

(6)岩性花纹绘制完成后,应根据图面结构,适当调整填图单元界线、断层线的长度,以及标注文字的位置,调整原则是图面主次分明,能快速区分不同填图单元,同时兼顾图面美观。

6. 坐标轴绘制

地质剖面只要求绘制表示高程的垂直坐标轴，图面上布置于剖面线两端，具体有以下要求：

（1）坐标轴上的最高高程与最低高程应根据地形线高程，以及剖面的图上垂直高度来确定，避免坐标轴过长或过短，影响图面美观。

（2）最高高程与最低高程确定后，将坐标轴以 1cm 为单位，用刻度线等分为若干部分，然后根据比例尺给每一刻度标注高程；注意标注高程应为 5、10 的整数倍，不能带小数点。

（3）在坐标轴上方标注"高程（m）"字样，说明坐标轴上的数字含义及单位。

7. 上墨

绘制完成、检查无误后，用中性笔给剖面上各类线条、标注上墨；除断层及其编号用红色外，其余全部用黑色。

（七）图例绘制

布置于地形地质图右侧，具体有以下要求：

（1）先用 HB 铅笔绘制；图例图框按长 15mm、宽 10mm 绘制。

（2）根据统计的图例个数确定图例排列的行数、列数、间距等参数；排序按照从左至右、由上至下，先地层代号，后岩性花纹，最后其他符号的原则排列；注意布置时应考虑图面整体效果，图面右下角应留出图签位置。

（3）绘制完成，检查无误后，用中性笔对线条、文字上墨；除断层用红色表示外，其余全部用黑色。

（八）图签绘制

图签布置于图幅右下角，尺寸参见图 7-2；绘制完成、检查无误后，用黑色中性笔对线条、文字上墨。

（九）上色

上色是给地质图各部分内容中的地层单元、填图单元进行普染色，目的是为了增强图件的可读性。综合柱状图需涂色部分为岩性柱；地形地质图需涂色部分为各填图单元分布区域；地质剖面图需涂色部分为各地层单元；图例需涂色部分为各地层单元名称。具体有以下要求：

（1）各地层单元、填图单元的用色可参照《地质图用色标准及用色原则（1：50000）》（DZ/T 0179—1997）选取。

（2）涂色工具一般用彩色铅笔，不能用油性彩色笔；但为使色调均匀、细腻，可将铅笔芯加工成粉末后，用棉签均匀涂抹；涂色时应尽量保证图幅中同一地层单元、填图单元的色调相同。

　　(3)据《地质图用色标准及用色原则(1∶50000)》(DZ/T 0179—1997),同"系"岩石地层单元、填图单元采用的色谱一致,但由新到老色调逐步加深,因此在涂色过程中,色谱相同的同"系"岩石地层单元、填图单元,可按照由新到老的顺序增加涂色次数,以达到由新到老色调逐步加深的效果。

第八章　考核与成绩评定

乌当地质教学实习是贵州大学地质类本科专业第一次系统的野外实习，教学内容全面涉及学生前期所有专业基础课和专业课，综合性非常强。所以，实习成绩考核与评定应充分反映学生野外学习态度、地质工作技能和知识的掌握程度，以及实习报告、图件的完成情况和完成质量等。

一、考核基本原则

(1)学生全程参与并完成实习各阶段的全部工作内容。
(2)提交的实习成果资料完整、真实。

二、成绩评定

(一)评定方式

实习考核在整个实习阶段全程介入，综合考查学生学习态度、野外工作能力、报告编写及图件绘制水平、地质资料综合分析能力等。实习成绩一般由三部分组成：野外成绩、报告和图件编制成绩、实习答辩成绩，三部分按 40%+30%+30%组成实习总评成绩。实习成绩评定样表见图 8-1。

(二)评定方法

1. 野外成绩

主要考查学生野外工作态度、野外地质技能和知识掌握情况，以及团队协作能力等。由带队教师根据学生野外学习表现、野外现场测试情况、野外图件绘制等作出考核评价并给予评分。

2. 报告和图件编制成绩

考查学生利用野外收集资料，对实习区地质现象的掌握和分析能力，以及实习报告的完成质量。由带队教师根据实习报告、图件的完成质量进行评价和评分。

3. 实习答辩

考查学生对实习区的综合认识程度，语言表达能力等。首先由学生脱稿对实习内容和实习区地质情况进行综合介绍，然后答辩组老师根据学生陈述情况进行现场提问，最后根据学生陈述情况和现场问答情况，由答辩组给出综合答辩成绩。

除以上外，可根据实习开展的具体情况，适当调整评分结构并增设加分项，鼓励学有余力的同学开展各种形式的科学探索、专题研究、技能训练等，以达到实习对综合能力培养的目的。

贵州大学乌当教学实习成绩评定表

姓名		专业班级		学号		指导教师	
野外工作评语及评分：							
				指导教师：		日期：	
实习报告评语及评分：							
				指导教师：		日期：	
答辩情况及评分：							
				答辩组长：		日期：	
实习总评成绩							
				实习队长：		日期：	

注：总评成绩＝野外评分×0.4＋实习报告评分×0.3＋答辩评分×0.3。

图 8-1 实习成绩评定样表

下　篇

实 习 参 考

第九章　乌当教学实习区主要化石

为了便于在野外进行初步的化石鉴定，并了解地质年代的确定和生物地层划分的基本方法，本书收集了历年乌当教学实习中采到的主要化石。现按地质时代由老到新，并以岩石地层单位为单元分述。

一、娄山关群（Є-Ols）

化石稀少，仅见少量腕足动物。

圆货贝 *Obolus* Eichwald，1829（图版 I-1）。图9-1为泰安圆货贝（*O. taianensis*）：贝体小，轮廓卵形，两壳凸隆均缓平；壳面上有多数同心线，当外皮剥落时则显示放射纹；具叠层状壳质。寒武纪-奥陶纪。

图9-1　泰安圆货贝 *Obolus taianensis*，×2 倍

二、桐梓组（O$_1t$）

化石稀少，见少量叠层石、腕足动物和棘皮动物的海百合茎。

波状叠层石 Stromatolites（图版Ⅶ-3）。波形层纹状沉积构造，亦属一类生物化石。由蓝菌（蓝绿藻）和绿藻昼夜间歇性生长所致。蓝菌和绿藻夜间黏结的灰泥层（亮层）和白天蓝菌和绿藻快速生长的有机质层（暗层）构成基本层。基本层是一天所形成，故叠层石是具生物钟意义的化石。波状叠层石作为沉积构造指示潮间带沉积环境。

芬根伯贝 *Finkelnburgia* Walcott，1905（图9-2）。轮廓亚半圆形或横椭圆形，侧视平缓双凸型；腹、背窗孔均洞开；壳线细，次生壳纹作插入式增加，贝体前部同心层较发育。早奥陶世。

腹壳外观 ×1倍　　腹壳内视 ×2倍　　背壳内视 ×3倍

图9-2　芬根伯贝（未定种）*Finkelnburgia* sp.

三、红花园组（O_1h）

化石极为丰富，见大量海绵动物、软体动物门头足纲和棘皮动物的海百合茎。

1. 海绵动物

有单体和复体，外形变化大，一般高脚杯形、瓶形、球形或圆柱形等（图9-3）。海绵体壁多孔，为入水孔，体内有一个中空的中央腔，上端开口，为出水孔（图9-4）。多数海绵具有有机质、钙质或硅质骨骼。红花园组中的为钙质海绵 *Calathium*。

<table>
<tr><td>图 9-3　海绵的群体</td><td>图 9-4　海绵纵剖面模式图，水道系统</td></tr>
</table>

2. 直角鹦鹉螺类

前环角石 *Protocycloceras* Hyatt，1900（图9-5；图版 V-1、2）。直角石式壳，横切面圆，具强烈轮环，轮环和缝合线近直，体管约相当于直径的 3/10，位于腹部，但非边缘。隔壁颈可能是直短颈式。早奥陶世。

湖北房角石 *Cameroceras* Conrad，1842（图9-6；图版 V-3）。属于头足纲内角石目。图示为体壳外形及横切面图；外形近圆筒状，保存良好时，其表面可见与外壳隔壁接触面而造成的斜环，且斜环较密；具简单内锥及细的内体管；内体房短；顶角较大。早奥陶世。

×1倍

左：外形；右：横切面×1倍

图 9-5　拉马克前环角石 *P. lamarcki*　　　　　图 9-6　湖北房角石 *C. hupehense*

朝鲜角石 *Coreanoceras* Kobayashi，1931（图版 V-4、5）：属于头足纲内角石目。壳体较小；体管细长，位于壳边缘，与腹壁接触；横切面为背腹压缩的扁圆形；体房腔内具一个明显的纵向腹部突起，内体管位于中心。早奥陶世。

弓鞘角石 *Cyrtovaginoceras* Kobayashi，1931（图版 V-7、8）：体管细长，微弯曲。始端钝锥状，口前端呈筒状，横切面亚圆形。体房腔长锥形。早奥陶世。

四、湄潭组（O_1m）

化石丰富，见大量腕足动物、节肢动物门三叶虫纲和半索动物门笔石纲。其中，笔石为重要的生物地层分带化石。

（一）腕足类

中华正形贝 *Sinorthis* Wang，1955。图 9-7 为标准中华正形贝（*S. typica*）：壳体轮廓方圆形，铰合线直，近似等于壳宽。腹壳隆凸，背壳平或缓凸腹缘显著、弯曲，铰合面较高，三角孔洞开。背铰合面低，三角孔被主突起充塞。背壳具浅宽、低平的中槽。壳线细，有许多为次生插入，腹内铰齿小；腕基窝大；齿板强。背内铰窝深；主突起耸突；腕基异向展伸。早奥陶世。

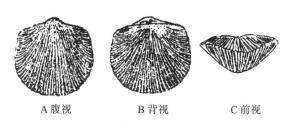

A 腹视 B 背视 C 前视

图 9-7 标准中华正形贝 *S. typica*，×3 倍

拟态贝 *Mimella* Cooper，1930。图 9-8 为美丽拟态贝（*M. formosa*）：贝体较大，轮廓方圆形，铰合线短，约为宽的 2/3，主端及前缘均圆阔。腹壳高凸，中后部凸度最大，喙部显著，铰合面低。背壳隆凸稍低缓，最大凸度位于中部，喙部小，铰合面与腹铰合面近等。壳线密型，多次分枝，在前缘每 5mm 内有 10 条，腹内铰齿粗强，中隔脊细弱。背内铰窝浅，腕基短而强，中隔脊强；具窄状主突起。早奥陶世。

马特贝 *Martellia* Wirth，1936（图版 I-5、6）。图 9-9 为宜昌马特贝（*M. ichangensis*）：贝体中等大小，呈五角状，前缘尖凸，最大壳宽位于中后方，铰合线直，稍短于壳宽，侧视低缓双凸型，侧缘圆，前缘微单褶型。腹壳凸度较大，铰合面高，强烈斜倾型，并饰有细的横纹，三角孔被窄而高隆的三角板覆盖。背壳隆凸平坦，喙部不显著，铰合面低，三角孔也为三角板覆盖，壳面中前部出露一个低狭的中隆。壳纹细而均匀，同心层发育。早奥陶世。

丝绢正形贝 *Orthis sericu*（图 9-10；图版 I-2）：贝体轮廓方圆形，腹壳凸隆。背壳低凸近平，沿纵中线具不明显的中槽。壳面具粗强而不分叉的壳线 18～20 条，主端附近壳线较密而弱，在壳线上及间隙内尚布有极细的壳纹，同心状生长线也显著。早—中奥陶世。

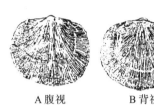 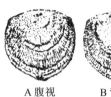

A 腹视　　　　　　B 背视　　　　　　　　　　　A 腹视　　　　B 背视　　　C 侧视

图 9-8　美丽拟态贝　　　　　　　　　　　图 9-9　宜昌马特贝

M. formosa，×1.5 倍　　　　　　　　*Ma. ichangensis*，×2 倍

A 腹视×2.5倍　B 侧视×2.5倍　C 腹内×3倍

图 9-10　丝绢正形贝 *Orthis sericu*

次正形贝 *Metorthis* Wang，1955。该岩组产出的是展翼次正形贝（*Me. alata*；图 9-11，图版 I-4）：贝体轮廓近方形，主端微微展翼状；背壳平，腹壳缓凸；壳线密型。齿板低；肌痕面菱形；闭肌痕大，调整肌痕菱形；闭肌痕小，启肌痕大，调整肌痕发育。背窗腔浅，腕基强；顶端尖；主突起大，粗壮。湄潭组中部。

A 腹内模　　　　B 背内模　　　　C 背外模

图 9-11　展翼次正形贝 *Me. alata*，×2 倍

扬子贝 *Yangtzeella* Kolarova，1925。

贵阳扬子贝 *Y. kueiyangensis*（图 9-12；图版 I-7-8）：两壳凸度高，壳厚大；中槽及中隆均自喙部即开始出现并较深，中槽前部似舌状延伸特长。早奥陶世。

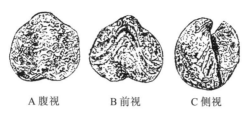

A 腹视　　　　　B 前视　　　　　C 侧视

图 9-12　贵阳扬子贝 *Y. kueiyangensis*，×1 倍

小型扬子贝 *Y. minuta*：壳体较小，轮廓方圆形，两壳双凸，铰合线弯曲，小于最大壳宽。中隆不发育，与两侧壳面无明显界线，腹壳微凸。壳面光滑无饰。早奥陶世（湄潭组近底部）。

（二）三叶虫类

大洪山虫 *Taihungshania* Sun，1931（图版Ⅴ-14）：头鞍大致呈倒梯形，向前扩大，鞍沟微弱，颈沟明显，无前边缘。而线在头鞍之前会合，眼小，位于头鞍中线之前。尾分节数目不等，中轴窄而细长，约 16 节，侧叶宽约 14 节，具一对细长的后侧刺。早奥陶世。

岛头虫 *Neseuretus* Hicks，1872（图版Ⅴ-17～20）：头鞍近抛物线形，前端平切，具 3～4 对头鞍沟，后一对长，前两对短而弱。内边缘宽大，隆起成穹形；眼小，位于头鞍中线前方。胸部 13 节。尾部长与宽近等，中轴后伸至肋叶之后。中轴及肋部分 6～7 节，肋沟深。早奥陶世至中奥陶世早期（湄潭组上段的上部）。

大壳虫 *Megalapides* Brögger，1886（图版Ⅴ-11～13）：背壳轮廓作卵形、头部稍大于尾部，头部有一平的边缘，头鞍至前缘尚有一段距离，眼相当大，稍靠头鞍中线之后。尾部中轴微显，且部光滑，分节模糊，尾缘宽。早奥陶世。

（三）笔石类

1. 对笔石 *Didymograptus* McCoy，1851

笔石体两边对称，仅有两个笔石枝，不再分枝。两枝下垂至上斜生长。胞管为简单直管状。早—中奥陶世。本组常见的对笔石有：

尼氏对笔石 *D. nicholsoni*（图 9-13；图版Ⅲ-2、6）：两枝下斜生长，分散角 90°～150°，笔石枝细小始末宽度一致，不及 1mm。胎管长常有线管保存。胞管细长，倾角 20°～30°，掩盖 1/3～1/2，5mm 内有 5 个胞管。

中国对笔石 *D. sinensis*（图 9-14；图版Ⅲ-1、5）：两枝下斜生长，分散角为 140°～170°，枝长不超过 10mm，宽度均一，0.4～0.6mm。胎管锥形长 1mm，顶端常有一个极细的线管。胞管为细长直管状，倾角小，仅 20°，掩盖 1/2，10mm 内有 12～14 个胞管。

乌当对笔石 *D. wudangensis*（图 9-15；图版Ⅲ-8）：两枝下垂，始部分散角为

90°～100°，末部仅 15°～20°，枝的背缘微向外凸，宽度变化明显，自始端的 0.7mm 渐增至末端的 2mm。胞管倾角达 40°～50°，但始部倾角仅 30°，5mm 内有 7～8 个胞管，掩盖 3/4～4/5。

　　始两分对笔石 *D. eobifidus*（图 9-16；图版Ⅲ-3、4、7）：笔石体小，两枝下垂，枝直，长 11～18mm，始端宽 0.5～0.7mm，至末部增至 1.5～1.7mm，分散角同乌当对笔石。胞管长 1.5～2.1mm，倾角 20°～30°，近口部达 50°，始部掩盖 1/2～2/3，末部达 4/5，5mm 内有 7～8 个胞管。

×2倍

×3倍

图 9-13　尼氏对笔石 *D. nicholsoni*　　　　图 9-14　中国对笔石 *D. sinensis*

×3倍

×3倍

图 9-15　乌当对笔石 *D. wudangensis*　　　　图 9-16　始两分对笔石 *D. eobifidus*

2. 四笔石 *Tetragraptus* Salter，1863

　　笔石体两边对称，有四个笔石主枝。主枝从下斜至上斜到近于直立。早奥陶世。常见有：

　　四枝四笔石 *T. quadribrachiatus*（图 9-17A；图版Ⅲ-13、14）：笔石体大，四枝向外平伸，枝直。横索长 2～2.5mm，胎管不清楚，位于横索中央，形成一圆点。二级枝间的夹角为 90°～100°。末枝的始端窄，向末端逐渐增宽。胞管直管状，腹直，口缘平，倾角 30°，掩盖 2/3，10mm 内有 7～8 个胞管。

　　锯状四笔石 *T. serra*（图 9-17B）：四枝上斜伸展，枝直，长 25mm 以上，始端宽度较小，为 1～1.5 mm，向上加宽至 2.7 mm 左右，保持到末端。胎管尖锥状，长近 3mm。胞管直管状，倾角 40°，掩盖 2/3～3/4，在 10 mm 内有 9～12 个胞管。

　　毕氏四笔石 *T. bigsbyi*（图 9-18）：四枝向上斜伸，笔石体长 8～13 mm，宽 10～12 mm，枝宽在始端略小于 2 mm，很快增宽至 2.7～4 mm，向末端收缩变窄，枝的背缘直或微弯，腹缘呈弧形弯曲。胎管锥形，长约 2 mm。胞管长管状，口尖显著，倾角 40°～60°，胞管大部掩盖，5 mm 内有 5～7 个。

断笔石 *Azygograptus* Nicholson et Lapworth，1875（图版Ⅲ-9）。图 9-19 为瑞典断笔石（*A. suecicus*）。只有一个枝，像断落的对笔石，下斜生长，长十多毫米，始端窄逐渐加宽到 0.7 mm。胞管细长，倾角小，口缘平或微凹，掩盖 1/2，在 10 mm 内有胞管 6～8 个。早奥陶世。

图 9-17　四枝四笔石　　　　图 9-18　毕氏四笔石　　　　图 9-19　瑞典断笔石

T. quadribrachiatus（A）　　　*T. sbigsbyi*　　　　　　*A.suecicus*

和锯状四笔石 *T. serra*（B）

3. 叶笔石 *Phyllograptus* Hall，1858

笔石体由 4 个攀合的枝组成，横切面呈十字形。胞管简单，掩盖大，其发育形式属等称笔石式。早奥陶世。本组中常见有安娜叶笔石、狭窄叶笔石等。

安娜叶笔石 *P. anna*（图 9-20A；图版Ⅲ-10）：笔石体小，卵形，长 10 mm 左右，宽 3.7～5.7 mm。始端胞管向下、向外生长，其后的胞管逐渐向外和向上斜伸。胞管微弯，倾角大，几乎全部掩盖，5 mm 内有 7～8 个胞管。早奥陶世。

狭窄叶笔石 *P. angustifolius*（图 9-20B）：笔石体狭长，两侧近于平行，胞管几乎全部掩盖，口尖显著。10 mm 内有 11 个胞管。早奥陶世。

五、牯牛潭组（O₁g）

化石丰富，底部见大量苔藓动物，其上见大量腕足动物、软体动物门腹足纲和头足纲、节肢动物门三叶虫纲和棘皮动物门海林檎纲等化石门类。

1. 苔藓动物

苔藓动物化石为苔藓虫群体所分泌的骨骼形成。复体有分枝状、块状和网格状等，基本构造如图 9-21 所示。乌当牯牛潭组底部见大量苔藓虫化石，为分枝状，见图版Ⅶ-1、2。

图 9-20　安娜叶笔石

P. anna（A）

和狭窄叶笔石 *P. angustifolius*（B）

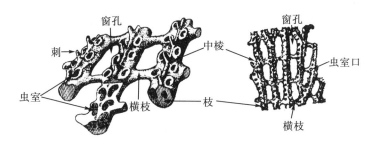

图 9-21　苔藓动物的网状硬体构造

2. 腕足类

雕正形贝 *Glyptorthis* Foerste，1914。图 9-22 为简单雕正形贝（*G. simplex*）：贝体较大，近似方形，铰合线平直，等于或稍窄于最大壳宽，主端近直角，侧视双凸型，壳线粗强，菱形，密型，次生壳线有分枝式，亦有插入式；叠瓦状壳层较微弱仅发育于壳前部。腹壳顶部凸隆，壳喙耸突；背壳坦平凸隆，沿纵中线凹陷形成一个明显但深度不大的中槽。中奥陶世。

图 9-22　简单雕正形贝 *G. simplex*

小尼科尔贝 *Nicolella* Reed，1917。图 9-23 为细弱小尼科尔贝（*N. delicata*）：贝体较小，近半圆形；背壳平，腹壳凸，铰合线直、长；壳线简单，近菱状，数目少而粗强，不分叉，不具备同心层，即使贝体前部也缺失。中奥陶世。

A 腹内模　　　B 背内模　　　C 腹外模

图 9-23　细弱小尼科尔贝 *N. delicata*，×1 掊

准小薄贝 *Leptellina* Ulrich et Cooper，1936。图 9-24 为中国准小薄贝（*L. sinensis*）：贝体半圆形，主端翼展，强烈凹凸型，腹铰合面低，近直倾型，背铰合面更低，超倾型；壳面具精细两组壳纹。壳质假疹，齿板不发育。主突起脊状，高耸；腕基棒状，指向腹方。早—中奥陶世(湄潭组下部亦见)。

A 背内模　　　　B 腹内模　　　　C 背内模

图 9-24　中国准小薄贝 *L. sinensis*，×1 倍

3. 腹足类

松旋螺 *Ecculiomphalus* Portlock，1843（图版Ⅳ-14、15）。图 9-25 为中国松旋螺（*E. sinensis*）：壳体中等大小，具 3～4 个增长缓慢的螺环。螺环的上侧面向内凹斜，环的外侧稍凸，两侧相交形成一条极尖锐的旋脊。螺环底部圆，脐孔宽大。外唇具一个浅的缺凹。奥陶纪-志留纪。（乌当湄潭组、沽牛潭组和高寨田群均见。）

A 顶面　　　　B 口视

图 9-25　中国松旋螺 *E. sinensis*，×1 倍

4. 直角鹦鹉螺类

双房角石 *Dideroceras* Fllower，1950。图 9-26 为华伦氏双房角石（*D. wahlenbergi*）：壳直长，亚圆柱形。体管位于近腹部，但不与腹壁接触，占壳径的 2/5～1/3。隔壁颈长达一个半气室。内体房腔尖锥状，顶角 10°～12°，内体管细，顶端靠体管中央，内隔壁不显著。气室较高，壳径长度内可容 3～4 个气室，隔壁下凹近一个气室高度。中奥陶世。

湄潭角石 *Meitanoceras* Chen，1974。图 9-27 为亚球形湄潭角石（*M. subglobosum*）：直形壳，体管位于壳的亚中部，体管节扁球形，两端均收缩呈圆管状，隔壁孔为体管节宽度的 1/3。隔壁颈直弯领式，末端外弯，约为气室的 1/4，连接环膨大，但始端较直。体管内具丰厚的沉积。中奥陶世。

图 9-26　瓦氏长颈角石　　　　图 9-27　亚球形湄潭角石

D. wahenbergi，×2 倍　　　　*M. subglobosum*，×1.5 倍

5. 三叶虫类

斜视虫 *Illaenus* Dalman，1827（图版Ⅴ-15、16）。该岩组产出的是丁氏斜视虫（*I. tingi*）：头盖方形，头鞍光滑。背沟明显，深而直，长约为头盖长的1/3。前缘略向前弯曲，前侧角圆润。眼叶中等大小，位于头盖中线的板后方。眼线在眼叶前后都几乎成直线。颈环、颈沟均不呈现。尾部光滑，中轴短，约为尾长的1/3，但不明显。中奥陶世。

眉形烈助虫 *Metopolichas* Gurich，1901。图版Ⅴ-21～23 为中华眉形烈助虫（*M. sinensis*）。头盖强烈凸起，外形呈次方形，前端圆润。头鞍凸起也强烈，在其长度距颈沟1/3处最窄，向前后重新变宽。颈沟明显而强壮，略向后拱曲。眼叶大，作半圆形，眼沟宽而浅，而经切于后侧角，壳面具大小不同的疣斑。中奥陶世。

6. 海林檎

海林檎因外形如林檎果而得名。由茎、萼和腕肢构成，萼形状不一，有卵形、袋形、瓶形、球形和圆筒形等（图9-28），最突出的特点是萼板上有小孔。乌当牯牛潭组底部和下部见有海林檎萼部化石，有六辐射六列小孔构成的水管系统（图版Ⅶ-4～6）。

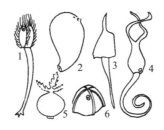

图9-28　海林檎外形

六、黄花冲组（$O_{2-3}hh$）

化石丰富，见大量腔肠动物门珊瑚纲化石。

乐氏珊瑚 *Yohophyllum* Lin，1965。图9-29为乐氏珊瑚（*Y. Kueiyangense*）：丛状复体，个体圆柱状，直径6mm左右。个体横切面明显分为三区：边缘灰质厚结带，呈海绵状，宽约1mm；中间带为发育长楔状外厚内薄的粗壮隔壁，隔壁数32～34；中央带以一内墙与中间带分开，且隔壁在此两带交界处不连续，伸达中央的一级隔壁形成一个轴部构造。床板稀。无鳞板。中奥陶世。

图 9-29　贵阳乐氏珊瑚 *Y. kueiyangense*，×6 倍

孔壁珊瑚 *Calostylis* Lindström，1868。图 9-30 为罗氏孔壁珊瑚（*C. loai*）：小圆锥形单体，体径 4.5 mm。隔壁数 24×2。一级隔壁细长，微弯曲，伸达轴部。二级隔壁短，约为一级隔壁长度的 2/5。所有隔壁均具多孔状构造，在横切面中偶呈断续状。具边缘灰质厚结带，其宽约 1 mm。无鳞板。床板特征不明。中奥陶世。

图 9-30　罗氏孔壁珊瑚 *C. loai*，×7 倍

原楄珊瑚 *Protaraea* M.-Edwards et Haime，1851。图 9-31 为贵阳原楄珊瑚（*P. guiyangensis*）：小型块状群体，外形呈皮壳状或薄膜状，由稀少的个体和共骨组成。个体圆柱形，直径 1.22～1.5mm，相近边缘距离不超过个体直径。隔壁构造由 12 个粗短隔壁组成。萼深，杯状，突出于群体表面，呈火山口状。共骨组织由羽楄组成，表面有许多瘤状凸起。床板不存在。中奥陶世。

图 9-31　贵阳原楄珊瑚 *P. guiyangensis*，×5 倍

似网膜珊瑚 *Plasmoporella* Kiaer，1899。

（1）**贵州似网膜珊瑚** *P. guizhouensis*（图 9-32）：块状，个体圆柱状，横切面圆形，直径 2.9～3.5mm，具 12 个短而细的隔壁刺。个体间距一般为 0.8～2mm。无独立的体壁，由泡沫状共骨组织重叠而围成。共骨组织为小型泡沫板组成。床板完整和不完整，中部强烈上凸或呈泡沫状。中奥陶世。

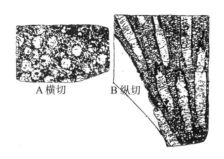

图 9-32　贵州似网膜珊瑚 *P.guizhouensis*，×2 倍

(2) **黄花冲似网膜珊瑚**（*P.huanghuachongensis*）。与贵州似网膜珊瑚外形相似，主要区别是：个体较小，为 2.2～2.4 mm；相邻个体间距大，为 1.5～2.5 mm；床板为微上凸的大泡沫板。中奥陶世。

日射珊瑚 *Heliolites* Dana，1846。

(1) **东方日射珊瑚** *H. orientalis*（图 9-33）：群体，小型团块状或近半球形。个体圆柱形，直径一般为 0.8 mm；体群圆滑或微曲折状，床板完整，5 mm 内有 12 个水平或微凹的床板。个体间距 0.2～0.6 mm。共骨组织由许多角柱状中间管组成，具模隔板，每 5 mm 内有 17～19 个。隔壁刺很不发育，仅在少数个体中见一些短小的壁刺。中奥陶世。

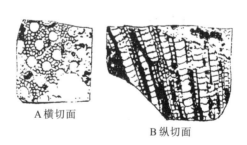

图 9-33　东方日射珊瑚 *H. orientalis*，×5 倍

(2) **贵阳日射珊瑚** *H. guiyangensis*。与东方日射珊瑚相似，但隔壁刺发育，为 12 个，中间管横面为不规则多边形。中奥陶世。

(3) **乌当日射珊瑚** *H.wudangensis*。与东方日射珊瑚相似，隔壁刺发育，为 12 个，中间管横面为 4～6 边形，且管壁比乌当日射珊瑚厚。中奥陶世。

阿姆塞士珊瑚 *Amsassia* Sokolov et Mironova，1959。图 9-34 为小型阿姆塞士珊瑚（*A. minima*）：块状复体，外形为半球形或结核状，由同型个体组成。个体紧密相贴或稍分离，横切面为多角形或近圆形，直径 0.2～0.4mm。体壁致密，厚 0.02～0.04mm。不具任何联结构造。床板稀少，水平状。未见隔壁构造。中奥陶世。

A 横切面　　　　　B 纵切面

图 9-34　小型阿姆塞士珊瑚 *Amsassia minima*，×8 倍

七、高寨田群(Sgz)

化石较丰富，见腔肠动物门珊瑚纲、腕足动物、软体动物双壳纲和腹足纲及头足纲、节肢动物三叶虫纲等门类化石。

1. 珊瑚

似包珊瑚 *Amplexoides* Wang，1947。图 9-35 为悬摆状似包珊瑚 (*A. appendiculatus*)：角锥状单体珊瑚，具有狭窄的边缘厚结带。一级隔壁延伸入横板带内，呈短脊状附生于横板面上；次级隔壁极短，很少越出狭窄的边缘带。横板完整平坦或微弯曲。无鳞板。早—中志留世(高寨田群上部)。

A 横切面　　　　　B 纵切面

图 9-35　悬摆状拟包珊瑚 *A. appendiculatus*

刺壁珊瑚 *Tryplasma* Lomsdale，1845。图 9-36 为曲折状刺壁珊瑚 (*T. flexuosum*)：隔壁短，长、短相同，均呈刺状，由杆状、筒状或双形羽榍组成。边缘厚结带为短壁膨胀及其间的片状骨素共同组成。无鳞板，床板发育良好，时有隔壁刺发育其上。志留纪至中泥盆世早期。产于贵州乌当高寨田群上部(中志留统)的刺壁珊瑚有高岭坡刺壁珊瑚(*T. kaoingpoense*)，其特点为：珊瑚体发育均匀，宽锥状；隔壁粗短、整齐一致均呈尖楔刺状，外壁上有清晰的隔壁沟；横板分布稀疏。

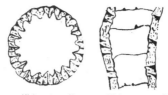

A 横切面 ×8倍   B 纵切面 ×7.5倍

图 9-36   曲折状刺壁珊瑚 *T. flexuosum*

竞珊瑚 *Zelophyllum* Wedekind，1927。图 9-37 为中间型竞珊瑚 (*Z. intermedium*)：丛状复体，由圆柱状单体组成，直径约 15 mm。具短刺状隔壁，数 54 个，由层状组织构成，均侧向相连成宽厚的边缘厚结带。床板平整，在 5 mm 内有 4～5 个床板。无鳞板。高寨田群上部。

图 9-37   中间型竞珊瑚 *Z. intermedium*，×2.5 倍

泡沫板珊瑚 *Ketophyllum* Wedekind，1927。图 9-38 为中间型泡沫板珊瑚 (*K. intermedium*)：大型单体，圆锥状。外壁薄。边缘泡沫带窄，由 1～2 列大型向内倾斜的泡沫板组成。床板带宽与边缘泡沫带的分界比较显著。个体下部的床板较完整平列，微上凸。个体上部的床板宽，平列，呈泡沫状上凸。隔壁刺着生于个体边缘泡沫板上，没于灰质加厚层内。高寨田群上部。

图 9-38   中间型泡沫板珊瑚 *K. intermedium*，×1.5 倍

泡沫珊瑚 *Cystiphyllum* Lonsdale，1839。图 9-39 为志留泡沫珊瑚 (*C. siluriense*)：单体，具不连续的短刺状隔壁。分别发育于层层相叠的球形鳞板和小床板的凸面之上。鳞板带宽阔；鳞板和小床板的倾斜度相似。在纵切面上，鳞板带与床板带分界较明显。萼较深，表面可见辐射排列而相互分离的泡沫隔壁。志留世。

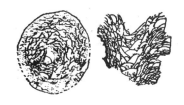

图 9-39　志留泡沫珊瑚 *C. siluriense*，×1.4 倍

蜂巢珊瑚 *Favosites* Lamarck，1816。图 9-40 为福培氏蜂巢珊瑚贵定亚种(*F. forbesi kueitingensis*)：群体半球形，由呈放射状排列的多角形柱状个体组成，体壁紧邻，中间线明显。个体、大小强烈分化，大个体多，呈 5～9 边形，体径 1.4～1.8 mm，有些可大至 2.1 mm；小个体少，为 3～5 边形，体径 0.31～1.3 mm。壁孔不太多，1 列，圆形，间距为 0.4～0.6 mm 或更大。床板水平，间距 0.25～0.75 mm，近群体表面，排列紧密。隔壁刺不存在。高寨田群上部十分丰富。另有准福培氏蜂巢珊瑚无刺亚种(*F. paraforbesi anspiniferus*)，与此亚种十分相似，唯个体体径较大，大个体呈 6～10 边形，体径 1.8～2.3 mm，小个体呈 5～6 边形，体径 1.4～1.7 mm；床板虽也为水平状，但排列密度较贵定亚种稍稀。谭光强氏蜂巢珊瑚(*F. tankuanpei*)与上述两亚种的不同在于其大小个体各自组合而不是混生，而且床板排列甚密，间距 0.20～0.22 mm。

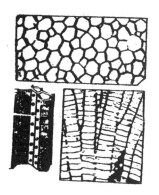

图 9-40　福培氏蜂巢珊瑚贵定亚种 *F. forbesi subsp kueitingensis*，×4 倍

2. 腕足类

乌当始石燕 *Eospirifer* Schuchert，1913。

(1) **乌当始石燕** *E. wudangensis*(图 9-41，图版Ⅰ-9)：壳体一般较小，轮廓亚圆形；铰合线直，略短于最大壳宽，主端角圆。腹铰合面中等高度，喙部微弯曲；中槽自喙尖发生，向前逐渐加宽，槽低平坦，侧壁缓倾，与侧区壳面有明显的界线，中槽中央往往见有一条窄沟，前舌发育，但不高，背中隆与腹中槽大致相对应。全壳覆以细密的放射纹。腹内齿板细薄。早—中志留世(高寨田群上部)。

图 9-41　乌当始石燕 *E. wudangensis*，×1 倍

（2）**单褶始石燕** *E. uniplicata*（图版 I -10）：贝体横方壳宽 10 mm 左右；腹中槽发育，槽内无壳褶；背中隆沿中轴有一浅沟；侧区具 1～2 个缓圆的壳褶；壳面有清晰的细壳纹和一般仅见于前部的同心层（纹）。早—中志留世（高寨田群上部）。

（3）**石阡条纹石燕** *Striispirifer* Cooper et Muir-Wood，1951。图 9-42 为石阡条纹石燕（*S. shiqianensis*）：贝体横宽，约 18～24 mm，铰合线略短于或等于壳宽。腹中槽低，呈"V"字形，槽缘壳褶明显地较侧区壳褶粗强；槽、隆光滑无褶，侧区 7～10 壳褶，壳面覆细放射纹。下—中志留统上部。

图 9-42　石阡条纹石燕 *S. shiqianensis*，×1 倍

伸长纳里夫金贝 *Nalivkina elongate*（图 9-43）：贝体较小，长圆形或近圆形。两壳近等，双凸型，全壳覆以壳线，密型。前缘微弱单褶型，中槽不明显。具齿板；铰板分离；腕螺指向背方。早—中志留世（高寨田群上部）。

图 9-43　伸长纳里夫金贝 *N.elongata*，×2 倍

核螺贝 *Nucleospira* Hall，1859。

（1）**美好核螺贝** *N. pulchra*（图 9-44）：轮廓近圆形，平缓双凸，前缘直型；同心线发育，线上具排列规则的细疣点，延伸成为短的细刺。铰齿粗壮，齿板缺失，腹肌痕微凹、宽阔，近五边形；肌隔低弱，铰板异常发育，联合呈块状突起；肌痕后方深陷，前侧界线不明；中隔低长，有时达壳长的 2/3。早—中志留世（高寨田群上部）。

背内模　　　腹内模

图 9-44　美好核螺贝 *Nucleospira pulchra*

（2）**高寨田核螺贝** *N. gaozhaitianensis*：轮廓接近于美好核螺贝，但其贝体较小，壳宽略大于壳长，壳体厚度较大，背内铰板平直、分离。早—中志留世（高寨田群上部）。

尼氏石燕 *Nikiforovaena* Boucot，1963。图 9-45 为扇形尼氏石燕（*N. flabellum*）：贝体似扇形，一般长 20mm、宽 30mm，不等双凸形。铰合线直长，约等于最大壳宽。腹喙耸突，微弯，铰合面发育，较高，三角孔洞开。中槽宽，五根始自壳喙的粗强浑圆壳褶。中隆低平，中沟明显，两侧各具三条壳褶，其中唯中沟两旁的壳褶始自喙部；侧区有 10～12 条浑圆壳褶；壳表饰以细密壳纹。早—中志留世（高寨田群上部）。

1,2.腹内模　　3,4.背内模

图 9-45　扇形尼氏石燕 *N. flabellum*

翼齿贝 *Brachyprion* Shaler，1865。图 9-46 为翼齿贝（未定种）*B.* sp.：贝体较大，半圆形。两壳凹凸型，腹壳强凸，以致前缘略成低的中隆。壳面覆以细壳纹。腹内无齿板。背内主突起低而微弱，腕基支板围绕近圆形的肌痕面，具中脊。早—中志留世（高寨田群上部）。

图 9-46　翼齿贝（未定种）*Brachyprion* sp.，×1 倍

3. 双壳类

双腔蛤 *Amphicoelia* Hall，1865。图 9-47 和图版Ⅳ-1～4 为方形双腔蛤（*A. guadratus*）：壳中等大小，很膨凸，凸度与壳高近相等，四边形。喙位前端，高强内弯，前转，喙前壳面内凹，为足丝凹缺处。前腹缘外凸，背腹缘近于平行，后缘截切状，铰缘直。后壳顶脊圆滑，向腹方渐消失，顶脊后壳面微凹，使后背角有呈耳之势。早—中志留世（高寨田群下部）。

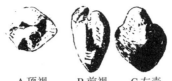

A顶视　　B前视　　C左壳

图9-47　方形双腔蛤 A. guadratus，×1 倍

弱蛏 *Leptodomus* McCoy 1844 emend，1851。图 9-48 为短突弱蛏 (*L. brevirostris*)：壳小，横长，呈长椭圆形，中等凸度。喙位于前方 1/4～1/3 处，突出铰缘，内转相接。新月面及盾纹面清楚。前铰缘与前缘成连续弧形，后铰缘直，后缘弧状斜向后腹方，与腹缘组成圆的后腹方，腹缘近直，与后铰缘平行。壳面中部由喙略向后斜有一很浅宽的凹陷，延至腹中央。壳面具 15 条左右规则的同心褶，在壳中部凹陷处褶常略错开，褶间有生长线。同心褶在顶脊及后壳面上消失，仅余生长线。中志留世(高寨田群上段中上部)。

图9-48　短突弱蛏 L. brevirostris，×2 倍

角瓢蛤 *Goniophora* Philips，1848。该组产出三角形角瓢蛤(*G. triangulate*；图版Ⅳ-7、8)：壳小至中等，中等膨凸，三角形，前部缩小，后部扩大。喙位于中央略靠前，突出铰缘，后壳顶脊棱状，顶脊之前的壳面中央显著凹陷并在腹缘形成明显的腹凹。铰边直长，后缘直，与铰缘形成钝圆的后背角，后背角附近有一浅沟分出显，变平并略向外伸展的狭窄似翼状部。前缘短而圆，腹缘斜伸近直，中部凹入。壳面光滑。早—中志留世(高寨田群下部)。

宽髓蛤 *Eurymyella* Williams，1912。该组产出的是贵州宽髓蛤(*E.guizhouensis*，图版Ⅳ-5、6)：壳小至中等，凸底低，三角形，前部缩小，后部扩大。喙大而钝，突出铰缘，位于前方 1/3 处。背缘与后缘均直，且互相垂直，前背角与后腹角均呈圆钝角状。小个体呈直角三角形，成年个体渐趋浑圆。喙后浑圆的顶脊，顶脊后之壳面有变平呈翼状趋势。早—中志留世(高寨田群下部)。

4. 腹足类

圆脐螺 *Straparollus* Montfort，1810。本组以全老圆脐螺(*S.peruetusta*，图 9-49，图版Ⅳ-12、13)为代表：体小，最大壳高 7.5 mm，最大壳宽 11 mm。低锥形，一般由 4 个左右螺环组成，螺环横切面近圆形，增长均匀缓慢，旋绕达于周缘以下，螺环缝合线中等深度。缝合线以下之螺环上侧面略平，微呈台阶状。螺环底部亦钝圆，脐孔宽大，直径为 4～4.5 mm。壳面光滑无饰。早—中志留世(高寨田群下部)。

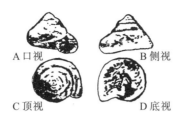

图 9-49　全老园脐螺 *S. pervetusta*，×3 倍

链房螺 *Hormotoma* Salter，1859。本组产出的是曲靖链房螺 *H. kutsingensis*（图 9-50，图版Ⅳ-17、18）：壳体一般较小，螺塔高，顶角小。化石常呈内模保存，外唇及裂口、裂带不易看到。螺环切面呈圆形，缝合线深，无脐。早—中志留世。

图 9-50　曲靖链房螺 *H. kutsingensis*，×2 倍

5. 直角鹦鹉螺

四川角石（未定种）*Sichuanoceras* sp.（图 9-51，图版Ⅴ-6）：壳直，横切面园或近圆形。缝合线近于平直，有时在腹部近边缘，但未与壳壁接触。体管内沉积物形成连续的方块形结构，被一系列长方形钙质结晶所充填。隔壁颈短，略向后方弯曲。连环向气室方向略膨胀。外壳表具横纹装饰。中国南方见于中志留统，贵阳乌当出现于高寨田群上部。

图 9-51　四川角石（未定种）*Sichuanoceras* sp.，×1 倍

6. 三叶虫

宽边宽蚜头虫 *Latiproetus latilimbatus*（图 9-52）：头部半圆形，宽度约为长度的两倍。头鞍次卵形，中部较宽，前端宽圆，且收缩较快，具 3 对极浅的略向后斜的头鞍沟。内边缘平凹，其宽度约为外边缘的 2 倍，外边缘微凸，边缘沟浅而宽。眼叶长而窄。面线前支自眼叶前端向前扩张，在外边缘处向前作圆润的弯曲切于前缘。活动颊具短而粗的颊刺。尾部次半圆形，中轴锥形，分 8 节或 9 节；边缘明显平坦或微凹，边缘沟浅而宽。早—中志留世。

图 9-52　宽边宽蚜头虫 *L. latilimbatus*，×3 倍

似慧星虫 *Encrinuroides* Reed，1931。图 9-53 为恩施似慧星虫（*E. enshiensis*）：有 3 对头鞍沟。有清楚的头鞍前沟及假头鞍前区。腹边缘板窄，活动颊边缘无瘤。胸部有 11 个胸节。尾部宽度大于长度，中轴及肋部分节少，肋沟宽而深。头部上瘤点细小。晚奥陶世—中志留世。

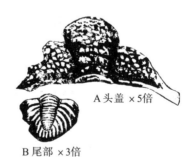

A 头盖 ×5倍

B 尾部 ×3倍

图 9-53　恩施似彗星虫 *E. enshiensis*

八、蟒山群（D$_{1-2}$m）

（一）乌当组（D$_1$w）

化石较少，见腕足动物、软体动物双壳纲和鱼类。

1. 腕足类

王氏东方石燕 *Orientospirifer wangi*（图 9-54）：贝体小，壳长小于壳宽，铰合线的长等于或略短于壳宽，主端角方。双凸型壳，凸度近等。腹铰合面略高，微凹曲。中槽始于喙部，不深，槽低有一个在喙部即发生的饰褶。中隆低平、窄，中央有一个纵沟，将中隆分成两条较粗的饰褶。侧区各有 9～10 条简单壳褶；间隙略窄。壳面复有密集排列无规则的点状凸起。早泥盆世(乌当组上部)。

A 腹内模　　　　　B 背

图 9-54　王氏东方石燕 *O. wangi*，×1 倍

2. 双壳类

四边形角瓢蛤 *Goniophora trapezoidalis*(图版Ⅳ-11)：壳大，中等凸度，横四边形，后部比前部略高。喙位于壳前方 1/4 处，前转，不突出铰缘。铰缘直，前后缘均弧凸，并对称地向腹方斜伸，腹缘内凹。后壳顶脊棱状，弧形弯曲，顶脊前壳中部壳面内凹与腹凹相应。表面具粗同心线，后壳面壳饰不清，前肌痕卵形，较深，位于壳的近前端。早泥盆世(乌当组上部)。

3. 鱼类

中华贵州鱼 *Kueichoulepis sinensis*(图版Ⅷ-2～3，图版Ⅸ-1～4)：头甲短而宽，略呈六边形。包括吻片及松果片的中长为 78 mm，不包括吻片及松果片的中长为 65 mm。头甲最宽处位于两后侧角之间，宽 74 mm。头甲的眶后突较发育，眶孔凹较明显。眶孔较小，前位。在眶后突与后侧角之间无明显的凹陷与突起。后中角尚发育。中颈片的后缘具明显的后中突。

中颈片窄而长，前缘呈三角形，向前插入左、右中央片的后缘及背缘的后部之间，未完全分离为左、右中央片。副颈片很大，呈不规则的六边形，宽短于长，后缘具关节窝，与躯干背甲的前背侧片相关节。其前缘并具明显前突。中央片很大，略呈四边形，长约 25 mm，宽约 45 mm，前缘平直，后缘突出。眶前片较大，短而宽，宽为长的 1.8 倍。未被松果片分离，构成头盖骨的前端。松果片、吻片、后鼻片构成头甲的最前部，略呈侧缘很短的椭圆形。眶后片甚长，呈不规则的长方形。边缘片略呈三角形。后缘片最小，很长，呈不等边三角形。

躯甲背部有中背片和前背侧片。中背片窄而较长，外形略呈盾形，具发育的腹中脊和腹中突，前缘明显内凹。前背侧片略呈三角形，长 60 mm，宽 37 mm。甲片中等隆起，侧叶低。前缘具发育的关节骨。前腹侧片较平，腋孔发育。后腹侧片长而狭窄，很平，长 78 mm，宽 38 mm。前腹中片为一单片，很平，略呈前宽后窄的三角形。后中腹片很平，略呈菱形。

头甲饰有小而密集的粒状突起，并有愈合现象，呈网状脊排列。躯甲饰有小而密集均匀分布的粒状突起。早泥盆世（乌当组上部）。

贵阳中华瓣甲鱼 *Sinopetalichtys kueiyangensis*（图版Ⅷ-1）：标本为头甲的内模和外模。内模的左右侧缘附近仅保存了最少一部分甲片。其吻缘、侧缘的前部及后缘的中部均未保存。头甲的左侧更为残缺。在内模上，见中颈片，后副颈片，眶前片、吻片；外模上见松果片；吻片、主测线沟、眶上感觉沟等均可见及。

头甲略呈纵长的六边形，吻缘显著窄于后缘。头甲的中长保存长 116 mm，保存宽 75 mm，估计长约 145 mm，宽约 114 mm，比率约为 80%。眶孔很大，略呈卵圆形。前侧孔的内径长约 11 mm。眶前区很平，下陷不明显。眶后部也很低平。中颈片狭长，长约为宽的 2.5 倍，隆起不显著，侧缘及前缘均具凹缺。松果片呈纵长菱形，侧角发育，将甲片分为前后两部。其上松果孔小，呈卵圆形，位于松果片的中央稍后。吻片与松果片分离，其轮廓呈三角形，宽度大于松果片。后副颈片很大，位于头甲的后侧部，仅见右后副颈片。眶前片界线清楚，左，右眶前片彼此间接触很短。其骨化中心位于甲片近中央处。眶上感觉沟通过眶前片的骨化中心。主侧线沟通过前副颈片骨化中心，与头部后坑线沟会合。

头甲的纹饰以发育的网状细脊为主，并有细小瘤突，以骨化中心为中心，呈同心状排列。早泥盆世（乌当组上部）。同一层位还有乌当莲花山鱼（*Lianhuashanolepis wudonensis*）。

（二）马鬃岭组（$D_{1-2}m$）

化石较少，见植物和鱼类。

1. 植物类

纤原始鳞木 *Protolepidodendron scharyanum*（图 9-55）：茎纤细，小而密生的叶，顶端二分叉，在茎表面留下成伸长状的纺锤形或倒卵形的叶座。中泥盆世（马鬃岭组上部）。

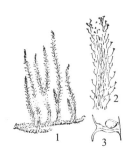

图 9-55　纤原始鳞木 *P. scharyanum*

1. 植物体复原图，×1/3 倍；2. 示叶座及叶顶端二分叉，×1.5 倍；3. 孢子囊形状及着生位置

乔木状拟鳞木 *Lepidodendropsis arborescens*(图 9-56)：叶座细小，仅长 2mm，卵圆形或椭圆形，呈彼此分离的轮状排列。中泥盆统—上泥盆统。中泥盆世(马鬃岭组上部)。

图 9-56　乔木状拟鳞木 *L. arborescens*，×2 倍

2. 鱼类

中国沟鳞鱼 *Bothriolepis sinensis*(图 9-57)：头及身体前部包有甲片，具二背鳍，尾歪形。化石多为身体前中部的骨板。中泥盆世(马鬃岭组上部)。

图 9-57　中国沟鳞鱼 *B. sinensis*

九、高坡场组(D$_{2-3}$g)

化石较多，见腔肠动物门珊瑚纲和层孔虫、腕足动物。

1. 珊瑚类

六方珊瑚 *Hexagonaria* Gurich，1896。图 9-58 为六方珊瑚(未定种)*H*. sp.：复体，多角柱状，外壁分明，隔壁薄，有长短两级，辐射排列，一级隔壁伸达床板带，次级隔壁只限鳞板带。鳞板带宽阔，为多列水平或倾斜的鳞板组成。床板带较窄，包括完整和不完整的床板，不完整的，常分化为轴板与边板系列。中—晚泥盆世(高坡场组底部)。

A 外形　　B 横切面　　C 纵切面

图 9-58　六方珊瑚(未定种)*Hexagonaria* sp.

长隔壁分珊瑚 *Disphyllum longiseptatum*：复体筳状，个体壁上具平行环状生长线和纵列的隔壁间脊。横切面圆形，幼年个体均自壁外出芽。隔壁较多，一般为 18+18，长短相间。一级隔壁特长，轻微膨胀并在轴部弯曲。次级隔壁甚短，仅及一级隔壁的 1/3。鳞板内壁显著，多为鳞板最外一列加厚而成。纵切面内鳞板带较宽，由大小不等的鳞板 2～3 列组成。横板带宽阔，由完整或不完整的较平坦的床板组成。晚泥盆世。

2. 层孔虫类

双孔层孔虫（未定种） *Amphipora* sp.（图 9-59）：硬体柱状或分枝状，内部具轴管，管内含漏斗状隔壁，管的周围布以泡沫组织。时代分布为泥盆纪—二叠纪。贵阳乌当高坡场组底部产出特别丰富，但大都保存不好。

图 9-59　双孔层孔虫（未定种）*Amphipora* sp.

3. 腕足类

无洞贝（未定种） *Atrypa* sp.（图 9-60；图版 II-1）：贝体中等，轮廓为次方形；前缘圆或平直；两壳为不等双凹型，腹壳近平或微凸，背壳高凸。铰合线弯而短。腹喙略弯曲。茎孔圆形，四周为三角双板所包围。壳面饰有细圆的壳线，壳线的宽度与间隙约相等，自喙部向前缘不断作插入式或分枝式的增加，且有同心线。背内具无洞贝型腕螺。晚泥盆世。

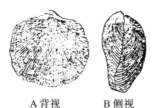

A 背视　　　　B 侧视

图 9-60　无洞贝（未定种）*Atrypa* sp.，×1 倍

弓石燕（未定种） *Cyrtospirifer* sp.（图 9-61；图版 I-11）：壳中等大小，双凸，个体较宽，近长方形，宽稍大于长或近似相等。铰合线直长，为最大壳宽。基面宽大，三角孔也大。中槽、中隆纵贯全壳，壳面具放射线且作分叉或插入式增加。中槽中具多条放射线。腹内牙板粗强，背内具石燕型腕螺。晚泥盆世（高坡场组）。

A 腹视　　　　　　B 背视

图 9-61　弓石燕(未定种)*Cyrtospirifer* sp.，×1 倍

十、旧司组(C₁*j*)、上司组(C₁*s*)

化石较多，见蜓类、腔肠动物门珊瑚纲和腕足动物。

1. 蜓类

始斯塔夫蜓 *Eostaffella* Rauser，1948。图 9-62 为始斯塔夫蜓(未定种；)*E. a* sp.：壳微小或小，凸镜形边缘钝圆，最初的少数壳圈绕旋。旋壁单层式或者由致密层及内外疏松层组成。隔壁平，旋脊显著，通道窄而低。石炭纪(乌当石炭系均见)。

图 9-62　始斯塔夫蜓*Eostaffella* sp.，×80 倍

2. 珊瑚类

贵州珊瑚 *Kueichouphyllum* Yu，1931。该组主要是贵州珊瑚(未定种)*Kueichouphyllum* sp.(图 9-63；图版Ⅵ-1、2、8)：单体，弯锥柱状，大型。一级隔壁甚多且长，少数会集于中心；次级隔壁亦长。在鳞板带内的隔壁细而弯曲，在横板带内，特别在主部横板带内加厚显著，致使彼此融接。鳞板带宽度约相当或稍小于次级隔壁的长度，鳞板呈同心状。横板不完全，呈泡沫状，中心上升。早石炭世。

纵切面

横切面

图 9-63　贵州珊瑚(未定种)*Kueichouphyllum* sp.，×1 倍

　　袁氏珊瑚 *Yuanophyllum* Yu，1931。该组主要是袁氏珊瑚(未定种)*Yuanophyllum* sp.(图9-64，图版Ⅵ-10)：单体，弯曲的锥柱状。成年期的一级隔壁全达中心，老年期的后退，末端旋曲，常在主部床板带内加厚；对隔壁伸达中心加厚形成中轴。次级隔壁甚短，主内沟随珊瑚体的生长而愈明显，鳞板带宽约为珊瑚体半径的1/2。床板为泡沫状。早石炭世晚期(乌当旧司组)。

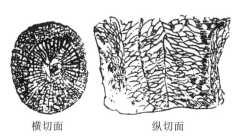

横切面　　　　　　　　纵切面

图9-64　袁氏珊瑚(未定种)*Yuanophyllum* sp.

　　笛管珊瑚 *Syringopora* Goldfuss，1826。主要是多枝笛管珊瑚 *S. ramulosa*(图9-65)和未定种(图版Ⅵ-5)：丛状复体，个体长，圆柱状，极弯曲；个体间以联接管相连，在联接管生长处呈节状，联接管较稀少。横板漏斗状，甚多，且发育成较宽的轴管。壁刺很发育。晚奥陶世—二叠纪。

横切面　　　　　　　纵切面

图9-65　多枝笛管珊瑚 *S. ramulosa*，×3倍

　　棚珊瑚 *Dibunophyllum* Thamson et Nicholson，1876。图9-66和图版Ⅵ-3均为棚珊瑚(未定种)*D.* sp.：单体，柱锥状。隔壁长短两级；次级隔壁较短。复中柱对称状；中板长，两侧的辐板为4~8条。主内沟发育。鳞板带宽，约为珊瑚体直径的1/3；鳞板常呈"人"字形。纵切面呈清晰的三带型构造。石炭纪(乌当上司组)。

横切面

图9-66　棚珊瑚(未定种)*Dibunophyllum* sp.

石柱珊瑚 *Lithostrotion* Fleming，1828。图 9-67 为石柱珊瑚（未定种）*L.* sp.：块状或丛状复体，隔壁长短相间排列，具典型的坚实中轴。床板帐篷状，有的可分化为帐篷状的轴床板和平坦的外围小床板，其间构成明显的床板内墙。鳞板带窄，发育良好，一般由两列以上的小球状鳞板组成。石炭纪（乌当上司组和黄龙组）。

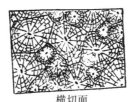

横切面

图 9-67　石柱珊瑚（未定种）*Lithostrotion* sp.

3. 腕足类

巨型大长身贝 *Gigantoproductus giganteus*（图 9-68；图版 II-2）：贝体巨大；轮廓近菱角形，铰合线的长即壳宽。腹壳作强烈而规则的凸隆，弯曲度与腹壳相适应。体腔薄匀。壳面具多数扭曲而细弱的壳纹，前缘每毫米内有 6～7 条；壳顶具不规则壳皱，纵褶不清晰，见于壳前部。早石炭世（乌当上司组底部）。

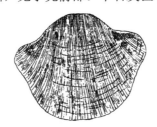

图 9-68　巨型大长身贝 *G. giganteus*

十一、摆佐组（C_1b）

化石较多，见蟆类、腔肠动物门珊瑚纲和腕足动物。

1. 蟆类

始斯塔夫蟆（未定种）*Eostaffella* sp.，见图 9-62。

2. 珊瑚类

刺毛珊瑚 *Chaetetes* Fischer von Waldheim in Eichwald，1829

广东刺毛珊瑚 *C. kuangtungensis*（图 9-69）：团块状群体。个体细长角柱状，横切面呈规则的 5～6 边形，个别个体呈展长的多边形。体径一般为 0.45～0.6 mm。体壁薄，由其内凹而形成的假隔壁凸起不发育，仅在极个别的个体中可见到一个。床板几乎不存在，个别个体可见 1～2 个水平床板。早石炭世。

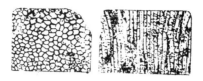

图 9-69　广东刺毛珊瑚 *C. kuangtungensis*，×4 倍

贵州刺毛珊瑚 *Guizhouchaetetes* Yang，1978。

(1)**分叉贵州刺毛珊瑚** *G. furcatus*：块状群体，较大。个体为细长的角柱状，横切面形状复杂，有不规则的多边形、长条形或弯弯曲曲的形状。体径大多为 0.6～0.9 mm，个别可小至 0.4 mm 或大至 1.2 mm。体壁厚而弯曲，无中间线。联接孔发育明显，圆形，分布在体壁和个体的交角处。床板薄而完整，呈水平、微凹和倾斜状。假隔壁突起十分发育，形状、长短和数目都不规则，其中部分假隔壁突起内缘还分裂呈两叉或多叉势，有些呈参差不齐或锯齿状，个体中假隔壁凸起数目不定，常见为 1～4 个，有时可达 7 个，排列也不规则。早石炭世。

(2)**穿孔贵州刺毛珊瑚** *G. perfaratus*：它以个体横切面呈规则的多边形，联接孔和床板较少，假隔壁凸起发育程度较差等而区别于分叉贵州刺毛珊瑚。

犬齿珊瑚 *Caninia* Michelin in Gervais，1840。图 9-70 和图版Ⅵ-11 为荔波犬齿珊瑚(*C. lipoensis*)：单体，弯锥状或圆柱状，小型。外壁表面覆有粗的纵脊和生长线。一级隔壁长度约为珊瑚体半径的 1/2。次级隔壁极短，为前者的 1/3～1/2。主内沟不清楚。鳞板带窄，其宽度约等于次级隔壁的长度。鳞板呈规则的同心状排列。横板中部隆起，两侧下斜。石炭纪。

图 9-70　荔波犬齿珊瑚 *C. lipoensis*

朗士德珊瑚 *Lonsdalaia* McCoy，1849。图 9-71 为郎士德珊瑚(未定种)*L.* sp.：块状复体，个体呈圆柱状或规则的多角状。隔壁不达外壁，被大型边缘泡沫板阻断。复中柱蛛网状，由中板、辐板和斜板组成。床板完全，水平状或微上穹。石炭纪。

图 9-71　郎士德珊瑚(未定种)*Lonsdaleia* sp.

3. 腕足类

巨型甘肃贝 *Kansuella maxima*（图 9-72；图版 II-8）：贝体巨大；轮廓十分横长，最大壳宽位于铰合线上。腹壳强烈凸隆，后部凸度强而规则，略成半圆形，前部壳面的凸度很不显著；壳顶低平，略微凸隆于耳翼之上，并向耳翼十分匀缓地过渡；壳喙低而不显著，强烈卷曲，仅顶端略微伸过铰合线。耳翼大，略微卷曲，与其余壳面间平滑相连，仅顶区附近稍有凹沟相隔；中槽完全缺失。背壳下凹，弯曲度与腹壳有适应。壳面具壳纹、壳针及同心纹；壳纹众多、细弱而清晰，顶区比较规则，稍前方即有壳纹作插入式增多，更前方的壳纹有时扭曲，断续不连，疏密不定，有时规则均匀，仅稍微弯曲，而直达前缘；在前缘附近壳纹再次作插入式的增多。壳皱仅见于侧区；壳针出现于壳纹的间断处。在耳翼上，壳纹作插入式增多的现象特别显著，但间隙较宽，不如前缘稠密。沿铰合缘有一行细长的壳针，其余壳针不规则地散布于壳线上。早石炭世。

图 9-72　巨型甘肃贝 *K. maxima*，×1 倍

细线细线贝 *Striatifera striata*（图 9-73；图版 II-3、5）：贝体中等或较大，轮廓长三角形，壳长约为壳宽的两倍，铰合线的长小于壳宽，腹壳微凸；顶区壳面在横弯曲成半圆形，前方壳面的横向弯曲度逐渐减弱，通常中部平坦，两侧弯曲；壳喙尖锐，强烈弯曲，向后突伸不越过铰合线。耳翼极小，中槽完全缺失。壳纹细，始于喙部，向前方散开，并作插入式增多，每 5mm 内有 6～7 条。壳皱仅在耳翼及侧区比较显著；壳针在耳翼较多；同心纹细密遍布全壳。下石炭统上部。

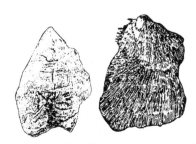

图 9-73　细线细线贝 *S. striata*，×1 倍

十二、黄龙组（C$_2$h）

见大量蟆类和少量腔肠动物门珊瑚纲和腕足动物。

1. 蟆类

始斯塔夫蟆（未定种）*Eostaffella* sp.，见图 9-62。**假斯塔夫蟆** *Pseudostaffella* Thompson，1942。图 9-74 为假斯塔夫蟆（未定种）*P.* sp.：壳小，椭圆形或近球形，边缘宽而圆。旋壁由致密层、透明层、内疏层及外疏层组成，或不具透明层；旋脊发育，其高度达到房室高度的一半，有时向两侧延长，达于旋轴的两极，通道低而窄。晚石炭世。

图 9-74　假斯塔夫蟆（未定种）*Pseudostaffella* sp.，×30 倍

苏伯特蟆*Schubertella* Staff et Wedekind，1910。图 9-75 为苏伯特蟆（未定种）*S.* sp.：壳小，纺锤形或厚纺锤形，两极钝圆。壳长不超过 2 mm，最初 1～2 个壳圈的包卷轴与外部壳的中轴成 90°相交。旋壁由致密层及其下的透明层组成。隔壁平直。旋脊小，但明显。晚石炭世—二叠纪。

图 9-75　苏伯特蟆（未定种）*Schubertella* sp.，×10 倍

原小纺锤蟆 *Profusulinella* Rauser et Beljaeu，1936。图 9-76 为原小纺锤蟆（未定种）*P.* sp.：壳微小到小，外形厚纺锤形到纺锤形，两极圆或凸出。壳圈 4～6 个。壳长 0.7～3.5 mm，宽 0.5～1.9 mm。旋壁由致密层及较厚的内、外疏松层组成。隔壁平直，但某些较进化的种在两极有轻微的褶皱。旋脊粗大。晚石炭世。

图 9-76　原小纺锤蟆（未定种）*Profusulinella* sp.，×15 倍

小纺锤蜓 *Fusulinella* Moeller，1977。图 9-77 为小纺锤蜓（未定种）*F.* sp.：壳小到中等大小，厚纺锤形、纺锤形到长纺锤形；两极圆或凸出。壳长 0.9～5.0 mm，宽 0.6～2.2 mm。壳圈一般 6～9 个。旋壁由致密层、透明层及较厚的内、外疏松层共四层组成。隔壁褶皱仅限于两极，中部平直。旋脊发达、粗大。晚石炭世。

图 9-77 小纺锤蜓（未定种）*Fusulinella* sp.，×12 倍

纺锤蜓 *Fusulina* Fischer de Waldkeim，1929。图 9-78 为纺锤蜓（未定种）*Fusulina* sp.：壳小到小，纺锤形到长外向型锤形，少数为厚纺锤形。成年壳有 5～10 个壳圈，壳长 2.0～10.3 mm，宽 1.0～3.5 mm。旋壁由致密层、透明层及内、外疏松层组成，疏松层较薄。隔壁全面强烈褶皱，旋脊小，不甚发达。个别种具轴积。晚石炭世。

图 9-78 纺锤蜓（未定种）*Fusulina* sp.，×8 倍

2. 腕足类

分喙石燕 *Choristites* Fischer de waldheim，1825。图 9-79 为分喙石燕（未定种）*C.* sp.：图示为属型种。贝体中等大小，壳长略大于壳宽，铰合线略短于壳宽。腹壳强凸，喙部显著弯曲。中槽明显，槽内有 4 对壳线，均自边缘前缘出现 15 条壳线。侧区壳线分枝甚早，前后强度比较一致，除主端附近较细弱的壳线外，每侧各有 15 条，在每 1cm 内有 7～9 条。腹壳内具有长而近平行的牙板。石炭纪—早二叠世。

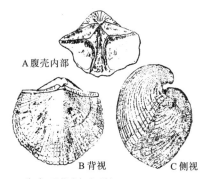

图 9-79 分喙石燕（未定种）*Choristites* sp.，×1 倍

十三、二叠系（P）

化石极为丰富，见植物、大量蟆类、珊瑚和腕足动物等，其中蟆类是二叠纪重要的"标准化石"。

1. 植物

见于下二叠统梁山组和上二叠统龙潭组。

猫眼鳞木 *Lepidodendron oculusfelis*（图 9-80）：叶座甚短，呈横的斜方形，有的近等菱形，紧密排列。叶痕微高于叶座，正中部作猫眼睛状之横菱形，上下两边钝而圆，左右两侧角尖锐，叶痕中三个小点明显几乎位于同一直线上。晚二叠世（龙潭组）。

图 9-80　猫眼鳞木 *L. oculusfelis*

2. 蟆类

大量见于二叠系各层位灰岩中。

南京蟆 *Nankinella* Lee，1933。图 9-81 为南京蟆（未定种）*N.* sp.：壳中等大小，凸镜形，壳缘园，脐部凸出。一般壳宽 6.2 mm，壳圈通常为 8～14 个。旋壁构造多数因矿化而不易看清，似由致密及透明层组成。旋脊小，呈三角形。二叠纪。

图 9-81　南京蟆（未定种）*Nankinella* sp.，×20 倍

球蟆 *Sphaerulina* Lee，1933。图 9-82 为球蟆（未定种）*S.* sp.：壳小，近球形，脐部微凸。一般壳宽 1.2 mm，有的可达 1.8 mm。壳圈 7～10 个，最初几圈呈透镜形，向外逐渐变成球形。旋壁往往因矿化而不易看清，似由致密层和微细的蜂巢层组成。旋脊微弱。二叠纪。

图 9-82　球䗴（未定种）(*Sphaerulina* sp.，×20 倍

豆䗴*Pisolina* Lee，1933。图 9-83 为豆䗴（未定种）)*P*. sp.：壳中等大小，圆球形。壳宽 3.7～4 mm。壳圈 7～8 个。旋壁由致密层及微细的蜂巢层组成。初房特别大，其直径可达 0.5～0.7mm，是这个属的重要特点，旋脊小。中二叠世。

图 9-83　豆䗴（未定种）*Pisolina* sp.，×10 倍

拟纺锤䗴*Parafusulina* Dunbar et Skinner，1931。图 9-84 为拟纺锤䗴（未定种）*P*. sp.：壳大至特大。长纺锤形至近圆柱形，中部平、微凸或微凹，两极钝圆。壳长 7～14mm，最长者可达 22mm。宽 2.2～3.4mm。旋壁较薄，由致密层及蜂巢层组成。隔壁褶皱强烈而规则，相邻两隔壁的褶皱相抽向凸凹，未达室低即相互连接，使与室低间形成一沿旋向贯穿的拱形孔道，称为串孔。这是此属的重要特征。旋脊无或仅见于初房上。中二叠世。

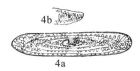

图 9-84　拟纺锤䗴（未定种）*Parafusulina* sp.，×20 倍

希瓦格䗴*Schwagerina* Moeller，1877。图 9-85 为希瓦格䗴（未定种）*S*. sp.：壳小至大，有的巨大，厚纺锤形至长纺锤形，少数近圆柱形。壳圈 6～10 个，壳长 2.5～14.3 mm，壳宽 1.1～1.4 mm。旋壁由致密层及蜂巢层组成。蜂巢孔较粗。隔壁褶皱强烈。旋脊很小，仅见于内圈，有的无。轴积或有或无。早一中二叠世。

图 9-85　希瓦格䗴（未定种）*Schwagerina* sp.，×9 倍

　　新米斯蟝_Neomisellina_ Sheng，1963。：壳大，粗纺锤形至冬瓜形。壳圈多，一般 8～15 圈，多者可达 21 圈。壳长 3～6 mm，大者可长 10 mm。旋壁由致密层、蜂巢层及薄的内疏松层组成。拟旋脊窄而高，发育完善。中二叠世晚期。

　　新希瓦格蟝_Neoschwagerina_ Yabe，1903。图 9-86 为新希瓦格蟝（未定种）_N. sp._：壳大，厚纺锤形，中部凸，两极尖或窄圆。长 4～9.5 mm，宽 2.2～6 mm。壳圈 10～12 个。旋壁由致密层及蜂巢层组成。有旋向及轴向二组副隔壁，较进化者在外部壳圈中第一旋向副隔壁间还有等二旋向副隔壁；副隔壁厚而短，第一旋向副隔壁下延与拟旋脊直接相连。拟旋脊宽而低。中二叠世晚期。

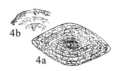

图 9-86　新希瓦格蟝（未定种）_Neoschwagerina_ sp.，×12 倍

　　费伯克蟝_Verbeekina_ Staff，1909。图 9-87 为费伯克蟝（未定种）_V. sp._：壳中等到巨大，圆球形或近圆形。1～12 圈。壳长最大者可达 14 mm。旋壁由致密层、细蜂巢层及内疏松层组成，内疏松层薄而不连续。隔壁平直。具列孔。拟旋脊在内部壳圈和外部较发育，中部圈上很少。中二叠世。

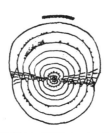

图 9-87　费伯克蟝（未定种）_Verbeekina_ sp.，×6 倍

　　格子蟝_Cancellina_ Hayden，1909。图 9-88 为格子蟝（未定种）_C. sp._：壳小，厚纺锤形至粗纺锤形。壳圈 10～12 个。长 3.2 mm，宽 2.7 mm。旋壁薄，由致密层及薄而细的蜂巢层组成。副隔壁很薄，较原始的种只有旋向副隔壁，进化者在外圈还有第二旋向副隔壁，并有轴向副隔壁出现。拟旋脊窄而高，常与第一旋向副隔壁相连。中二叠世晚期。

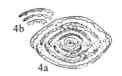

图 9-88　格子蟝（未定种）_Cancellina_ sp.，×15 倍

苏门答腊𥂕*Sumatrina* Volz，1904。图 9-89 为苏门答腊𥂕(未定种)*S.* sp.：壳中等到大，纺锤形到长纺锤，少数近圆柱形。壳圈 8～10 个，长 5～10 mm，宽 1.5～3 mm。旋壁薄，只有致密层。副隔壁在近旋壁部分薄，其末端均膨大，呈钟摆状。第一旋向副隔壁长，与拟旋脊直接相连。第二旋向副隔壁规则，两相邻第一旋向副隔壁之间的数目，在内部壳圈为 2 个，外部壳圈中通常为 4 个，轴向副隔壁，在两个隔壁之间最多可达 7 个。拟旋脊窄而高。二叠纪。

图 9-89　苏门答腊𥂕(未定种) *Sumatrina* sp.

古纺锤𥂕*Palaeofusulina* Deprat，1912。图 9-90 为古纺锤𥂕(未定种) *P.* sp.：壳小，厚纺锤形，中部膨大，两极钝圆。壳长 2.2～3.5 mm，宽 1.4～2.9 mm。壳圈 4～5 个，包卷较松。旋壁较薄，由致密层和透明层组成。隔壁自底到顶在整个壳室中都具强烈而规则的褶皱。无旋脊。晚二叠世晚期。

图 9-90　古纺锤𥂕(未定种) *Palaeofusulina* sp.，×20 倍

杨铨𥂕*Yangchienia* Lee，1933。图 9-91 为杨铨𥂕(未定种) *Y.* sp.：壳小，纺锤形至粗纺锤形。7～8 圈，包卷紧密。最初 2～3 圈的中轴与外圈中轴斜交或正交。旋壁由致密层及透明层组成。隔壁平直。旋脊粗而宽，延伸至两极。晚二叠世。

图 9-91　杨铨𥂕(未定种) *Yangchienia* sp.，×15 倍

喇叭䗴Codonofusiella Dunbar et Skinner，1937。图 9-92 为喇叭䗴（未定种）C. sp.：壳微小到小，最初 3～4 圈为纺锤形或厚纺锤形，最后一圈不包卷，一直向一个方向展开。包卷的纺锤形部分通常壳长 1 mm，宽 0.4～0.5 mm。不包卷部分的宽度可达壳宽的 1.5～2 倍。旋壁薄，由致密层及透明层组成。隔壁在旋卷和展开部分都强烈褶皱。旋脊微小，有时不清楚。晚二叠世。

图 9-92　喇叭䗴（未定种）Codonofusiella sp.，×20 倍

3. 珊瑚类

似文采尔珊瑚 Wentzellophyllum Yu，1962。图 9-93 为似文采尔珊瑚（未定种）W. sp.：块状复体，由许多多边形个体组成。外壁完全。甚薄，具粗糙的齿状突起，其数目与隔壁数相当。一级隔壁的始端断续延伸至边缘泡沫带内。边缘泡沫带的宽度不定，泡沫板一般较小。复中柱由密而陡、稍呈泡沫状的斜板和直的辐板以及明显的中板组成，形成典型的蛛网状构造。床板向复中柱倾斜。早—中二叠世。

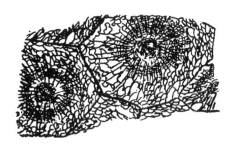

图 9-93　似文采尔珊瑚（未定种）Wentzellophyllum sp.

扬子多壁珊瑚 Polythecalis yangtzeensis （图 9-94）：块状复体，个体大小和形状不甚规则。外壁具有两列粗大的齿状突起，部分外壁消失，泡沫带宽，占个体大部分，泡沫板浑圆，上覆稀少的隔壁峰。个体间以泡沫相连。边缘泡沫板凸度大。隔壁带呈圆形，与泡沫带间的界线分明，此即内墙所在。复中柱由中板、规则的辐板及斜板组成。床板向中心下倾。下二叠统。

图 9-94　扬子多壁珊瑚 *P. yangtzeensis*，×3 倍

边缘泡沫状米契林珊瑚 *Michelinia marginocystosa*（图 9-95）：块状群体。个体横切面一般为 5～7 边形。体径 1.8～2.2 mm。体壁薄而直，中间线明显。壁孔稀少，孔径约 0.15 mm。个体边缘发育一列较连续的泡沫板，泡沫板呈凸圆状或半圆状。床板完整的呈上拱和水平状，不完整的呈交错状，5 mm 内有 9～12 个床板，隔壁刺较发育，短。中二叠世（栖霞组）。

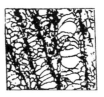

图 9-95　边缘泡沫状米契林珊瑚 *M. marginocystosa*，×4 倍

雅致早坂珊瑚 *Hayasakaia elegantula*（图 9-96）：丛状群体，由长而细的个体组成。近乎平行或呈放射状排列。个体横切面呈多边形或浑圆多边形，体径约 1.5 mm，互相靠近，局部直接接触，体壁较厚。联接管短，间距不规则，约在 1 mm 左右。床板密，完整或不完整，水平或倾斜泡沫状，泡沫带发育，由大小均匀复瓦状的泡沫板组成，断续分布。中二叠世。

图 9-96　雅致早坂珊瑚 *H. elegantula*

文采尔珊瑚 *Wentzelella* Grabau in Huang，1932。图 9-97 为文采尔珊瑚（未定种）*W.* sp.：复体块状，个体多角状，外壁完全。隔壁多，始端均达外壁，具三级隔壁，复中柱强大，圆形或椭圆形，系若干锥状斜板及辐板构成，具有中板。床

板带分两部分，邻近鳞板带的陡直，呈泡沫状，接近复中柱的呈水平状或向中心下斜。二叠纪。出现于早二叠世的四川珊瑚（Szechuanophyllum）与之相似，但以其边缘发育小泡沫板和具有比较完全的床板而区别于文采尔珊瑚。伊泼雪珊瑚（Ipcilhyllum）也产于二叠系，但其不具有三级隔壁，易与上述二属区别。

图 9-97　文采尔珊瑚（未定种）Wentzelella sp.

　　卫根珊瑚 Waagenophyllum Hayasaka，1924。图 9-98 为卫根珊瑚（未定种）Wa. sp.：复体丛状，隔壁始端直达外壁，长短相间，复中柱由辐板、斜板和中板组成。床板带窄，床板为陡直的泡沫状，向中心下倾。鳞板发育。二叠纪。梁山珊瑚（Liangshanophyllum）与之十分相像，也出现于二叠系，唯本属复中柱小而简单，鳞板带窄，床板带宽，床板常呈水平状或缓向中心倾斜。

图 9-98　卫根珊瑚（未定种）Waagenophyllum sp.

　　钟摆中国珊瑚 Sinophyllum pendulum（图 9-99）：小型单体珊瑚，角锥状，外壁甚厚，具边缘厚结带，一级隔壁数 26～30，成年期均呈辐射状排列。次级隔壁甚短，常隐没于边缘厚结带内。对隔壁伸至中心，末端强烈加厚，形成粗大的钟摆状中轴，主内沟发育，缺鳞板。晚二叠世。

图 9-99　钟摆中国珊瑚 S. pendulum

　　乐平厚壁珊瑚 *Tachylasma lopingense*（图9-100）：长锥状，微弯曲的单体珊瑚。外壁表面具明显的隔壁沟。两个侧隔壁和两个对侧隔壁甚长，几达中心，末端加厚甚烈，呈棒锤状。主部有三对隔壁，对部有4对；主部和对部隔壁都较长，次级隔壁甚短，呈脊状。晚二叠世。

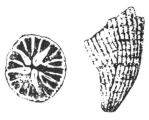

图9-100　乐平厚壁珊瑚 *T. lopingense*

　　对称黄氏珊瑚 *Huangophyllum symmetricum*（图9-101）：单体珊瑚，宽角锥状，成年期的一级隔壁数达31～32，作四分羽状排列，主部较对部发育慢。隔壁均加厚，对隔壁长且厚，几乎伸达中心。主内沟和侧内沟显著，无鳞板。中二叠世(茅口组)。

图9-101　对称黄氏珊瑚 *H. symmetricum*

4. 腕足类

　　伸长两板贝 *Dielasma elongatum*（图9-102）：贝体较小或中等，轮廓长卵形；最大壳宽位于壳体中部，前缘截切状；两壳凸度均强，呈近等的双凸型；壳面仅具同心线，腹喙弯曲，自喙前不远即出现一个窄浅的中槽，延伸直达前缘，并向背方作显著的凹曲。背喙弯曲，掩于腹喙之下。中石炭统—二叠系。

腹　　　背　　　侧　　　前

图9-102　伸长两板贝 *D. elongatum*，×1倍

南京瘤褶贝 *Tyloplecta nankingensis*（图 9-103；图版Ⅱ-4）：壳中等到大，除耳翼外，轮廓近于卵圆形。腹壳强烈拱凸，顶部凸隆最强，状如半球。耳翼显著，沿横向壳体宽平，有的具宽浅的中槽，有的中槽不明显或缺失。腹喙尖，卷曲，略超过铰合线。壳面复以粗强壳线，由后向前逐渐变粗，壳线基部宽，线顶狭，断面三角形，壳前部 10 mm 内有 5 条；贝体前部壳线多分叉，侧部多插入；壳体中部及前部瘤凸变长、变大，排列不规则。壳表复有细密的同心线横穿壳线。表层剥落后，见有细密的刺瘤和假疹孔。下二叠统栖霞组。扬子瘤褶贝出现于上二叠统，以壳近方形，铰合线长近于壳宽而区别于本种。

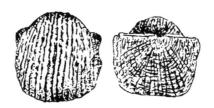

图 9-103　南京瘤褶贝 *T. nankingensis*，×0.7 倍

半褶隐石燕 *Cryptospirifer semiplicatus*（图 9-104）：贝体巨大，轮廓椭圆形或近圆形，铰合线微弯曲，主端角十分浑圆。腹壳凸隆相当强烈，以后部凸隆最高，向前略为平坦；腹喙阔，强烈弯曲，紧贴于背壳上，铰合面及三角孔全被遮掩；无中槽。背壳凸度略大于腹壳，喙低而阔；中隆完全缺失。壳面后部十分光滑，自壳面后方处或稍前方开始，出现粗疏的壳褶。壳褶后部模糊不清，前部十分显著；壳褶低平，强度不一，向前作分枝或插入式增多，在前缘每 20mm 内有 6～8 枚。壳面尚饰有间距宽阔而清晰的同心皱。早二叠世。

图 9-104　半褶隐石燕 *C. semiplicatus*，×1/3 倍

蕉叶贝 *Leptodus* Kayser，1882。图 9-105 和图版Ⅱ-12、13 为焦叶贝（未定种）*L. sp.*：壳牡蛎状，以壳面附着于外物而生活。轮廓长卵形，壳面平滑无饰线。腹壳内中隔脊纵壳内全长，向两旁分或一系列的横沟及横脊，横脊宽平，具钝脊，前后缘均直立。背壳极度特殊化，具一狭长而厚的中隔脊，并向旁侧分成横板，凸合在腹壳横沟中。晚二叠世（龙潭组）。

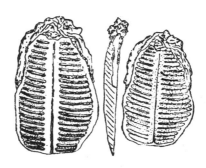

图 9-105 焦叶贝(未定种)*Leptodus* sp.，×0.5 倍

欧姆贝 *Oldhamina* Waagen，1883。图 9-106 和图版 II-11 为欧姆贝(未定种) *O.* sp.：壳体长卵形。腹壳宽凸，内部中隔脊长，两侧分成一系列的横沟及横脊，脊锐，顶面向前倾。背壳阔凹，曲度与腹壳约相等，内部中隔脊长，两侧分枝成横板，横板薄。晚二叠世(龙潭组)。

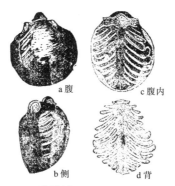

图 9-106 欧姆贝 *Oldhamina* sp.，×1 倍

乌拉尔米克贝 *Meekella uralica*(图 9-107；图版 II-6、10)：壳不等双凸型，腹壳凸度强，腹基面发育，腹喙及基面常歪扭，壳面具粗强的放射褶，褶上有细密的放射纹。腹内具两个平等的齿板。二叠系。江西贝(图 9-108)也见于二叠系(以龙潭组最丰富)，外形与米克贝酷似，主要区别在于其腹内不具齿板。

图 9-107 乌拉尔米克贝   图 9-108 江西贝(未定种)

M. uralica，×1 倍   *Kiangsiella* sp.，×2/3 倍

瓦岗鱼鳞贝 *Squamularia waageni*（图 9-109；图版 II-7）：贝体中等大小，轮廓长卵形，近等双凸形。壳长略大于壳宽，铰合线的长等于或微短于壳宽。腹壳喙部尖，超悬于铰合面上方但并不十分弯曲，肩部钝角形；背壳次方形，侧角圆，喙部低而不显著，不弯曲；肩部钝角形；背壳次方形，侧角圆，喙部低而不显著，不弯曲；肩部凹曲不明显，腹壳中槽清楚但不很强，始于喙部附近，后端相当窄而清楚，向前略微增强加宽。中隆不发育，同心层相当强，层上具极细的壳纹。上二叠统，贵阳乌当龙潭组产出甚丰。

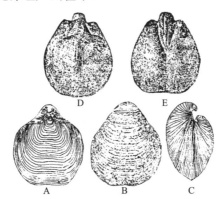

图 9-109　瓦岗鱼鳞贝 *S. waageni*，×1 倍

A.背视；B.腹视；C.侧视；D.背内；E.腹内

5. 菊石

亚洲假提罗菊石 *Pseudotirolites asiaticus*（图 9-110）：壳外卷，呈盘状。腹部具中脊。侧部具明显的横肋和瘤，但内部旋环的侧部分布稀疏，至外部旋环则变密而且肋、瘤粗强。缝合线被一中鞍分成两个短小呈尖形的腹支叶。第一侧叶宽、深，末端具很多齿，第二侧叶较短、窄，末端亦具齿，但数目比第一侧叶少。鞍部均圆滑无齿。晚二叠世（大隆组）。产于同层的假腹菊石（*Pseudogastrioceras*）也属常见。以壳近内卷，呈厚饼状；腹部穹圆，脐部窄小，侧部较凸以及腹部和腹侧饰有纵旋纹，侧部内围具弯曲的生长线纹等特点而区别于假提罗菊石。

图 9-110　亚洲假提罗菊石 *P. asiaticus*

6. 三叶虫

钝尾假菲利普虫 *Pseudophillipsia odtusicauda*（图 9-111）：头鞍前部扩大，头鞍后侧叶之间凹陷成一低的叶节。两眼之间的头鞍收缩，头鞍中伸达前缘，前边缘明显而平坦。颈环中部宽。前缘向前微拱曲。尾部半椭圆形，长大于宽，中轴强凸，向后徐徐收缩，末端圆，伸至边缘，轴环节达 15 节以上，每节中部具一对大瘤。尾肋凸，向外倾斜，约分为 12 节，微向后弯曲延伸，边缘低而明显。上二叠统。

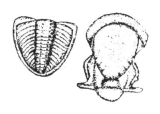

图 9-111　钝尾假菲利普虫 *Ps. odtusicauda*

十四、三叠系底部（T_1^1）

三叠系底部常见双壳类克氏蛤和头足类蛇菊石，它们是识别二叠系和三叠系分界的重要化石。

王氏克氏蛤 *Claraia wangi*（图 9-112；图版Ⅳ-16）：壳呈圆形轮廓。右壳前耳小，但尚明显，且与壳体非常靠近，因而足丝缺口不甚清晰。铰线直而短。壳面具极细而均匀的同心线，无放射脊线。下三叠统大冶组下部沙堡湾段。克氏克氏蛤（*C. clarai*）与王氏克氏蛤常共生，产于同一层位，主要区别是前者的壳面具有同心线和微弱的放射线，且彼此相关成清晰的网状。另有格氏克氏蛤（*C. griesbachi*）也产于下三叠统下部，其以壳顶显著地高出在铰边之上，以及壳面同心线和放射线均微弱不显而易与前两种相区别。

图 9-112　王氏克氏蛤 *C. wangi*

蛇菊石 *Ophiceras* Griesbach，1889。图 9-113 和图版Ⅴ-10 为蛇菊石（未定种）*O. sp.*：壳外卷，呈盘状。脐部很宽，具有高而直立脐壁。腹部穿圆。旋环横断面略呈三角形。表面一般光滑或具少数不明显的肋或瘤。缝合线为微弱的菊面石式，具两个细长的侧叶及短的肋线系。下三叠统下部，大冶组沙堡湾段。

图 9-113　蛇菊石（未定种）*Ophiceras* sp.

附录一　野外剖面测量记录

一、格式

(剖面名称及编号)

(时间)×年×月×日　　星期：……

点号：……　　　　　测向：……

斜距：……　　　　　坡角：……

分层号：……　　　　距离：……

层位：……

岩性：……

产状：（×××°∠××°）

构造：……

产状：（×××°∠××°）

岩相：……（记录相标志）

其他：……

标本、照相：（代号及编号）

注：1. 括号内文字记录时不写。2. 以后每皮尺均照以上格式记录。3. 每一皮尺内的分层记录，由上表中"分层号"：项以下内容重复记录。

二、岩层厚度计算（公式已列入正文有关部分）

三、野外填图记录格式

(点号)

点位：……

点性：……

层位：（如 O_1m^1/O_1m^2）

岩性：……

产状：（×××°∠××°）

构造：……

产状：（×××°∠××°）

岩相：……（记录相标志）

其他：……

标本、摄影：（代号及编号）

注：括号内文字记录时不写。

四、各种代号

    D：界线观察点　　　　　　　　　YS：岩石标本

    G：构造观察点　　　　　　　　　KW：矿物标本

    S：水文观察点　　　　　　　　　HS：化石标本

    Y：岩溶(洞穴)观察点　　　　　　XB：相标本

    M：地貌观察点　　　　　　　　　HY：化验样品

    　　　　　　　　　　　　　　　ZX：照相

附录二　彩色图版

图版 I

1. 圆货贝(未定种)(*Obolus* sp.)，×10 倍，C-*Ols*；

2. 丝绢正形贝(*Orthis sericu*)，×4 倍，O_1m；

3. 西南正形贝(未定种)(*Xinanorthis* sp.)，×4 倍，O_1m；

4. 展翼次正形贝(*Metorthis alata*)，×3 倍，O_1m；

5、6. 宜昌马特贝(*Martellia ichangensis*)，×4 倍，O_1m；

7、8. 贵阳扬子贝(*Yangtzeella kueiyangensis*)，×2 倍，O_1m；

9. 乌当始石燕(*Eospirifer wudangensis*)，×3 倍，*Sgz*；

10. 单褶始石燕(*E. uniplicata*)，×1 倍，*Sgz*；

11. 弓石燕(未定种)(*Cyrtospirifer* sp.)，×1 倍，$D_{2\text{-}3}g$.

图版 II

1. 无洞贝（未定种）（*Atrypa* sp.）×1.5 倍，$D_{2-3}g$；

2. 巨型大长身贝（*Gigantoproductus giganteus*），×1 倍，C_1；

3、5. 细线细线贝（*Striatifera striata*），×1 倍，C_1b；

4. 南京瘤褶贝（*Tyloplecta nankingensis*），×1.5 倍，P_2q；

6、10. 乌拉尔米克贝（*Meeklla uralica*），×1.5 倍，P；

7. 瓦岗鱼鳞贝（*Squamularia waageni*），$P_2 l$；

8. 巨型甘肃贝（*Kansuella maxima*），×0.6 倍，C_1s；

9. 网格长身贝（未定种）（*Dictyoclostus* sp.），×1 倍，C；

11. 欧姆贝（未定种）（*Oldhamina* sp.）×1 倍，P；

12、13 蕉叶贝（未定种）（*Leptodus* sp.），×1 倍，P.

图版III

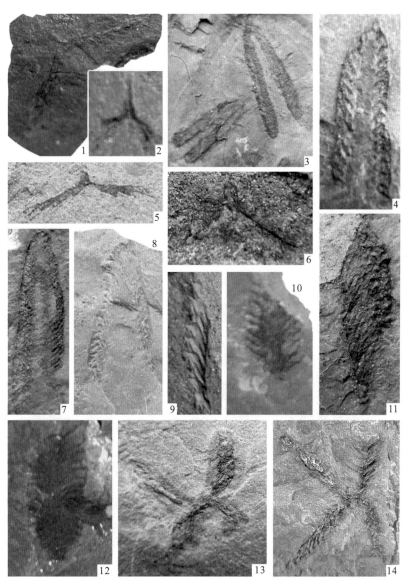

1.5. 中国对笔石（*Didymograptus sinensis*），×6 倍，O_1m；　　　　2. 尼氏对笔石（*D. nicholsoni*）×4 倍，O_1m；

3. 始两分对笔石（*D. eobifidus*），×4 倍，O_1m；　　　　4、7. 始两分对笔石（*D. eobifidus*），×7 倍，O_1m；

6. 尼氏对笔石（*D. nicholsoni*）×10 倍，O_1m；　　　　8. 乌当对笔石（*D. wudangensis*），×5 倍，O_1m；

9. 断笔石（未定种）（*Azygograptus* sp.），×6 倍，O_1m；　　　　10. 安娜叶笔石（*Phyllograptus anna*）×2 倍，O_1m；

11、12. 叶笔石（未定种）（*P.* sp.），×3 倍，O_1m；

13、14. 四枝四笔石（*Tetragraptus quadribrachiatus*），×2 倍，O_1m。

图版Ⅳ

1～4. 方形双腔蛤(*Amphicoelia quadratus*)，×3倍，Sgz；

5、6. 贵州宽髓蛤(*Eurymella guizhouensis*)，×2倍，Sgz；

7～8. 三角形角瓢蛤(*Goniophora triangulate*)，×3倍，Sgz；

9. 细线雕棱蛤(*Veteranella tenuistriata*)，×3倍，Sgz；

10. 拟瓢蛤(未定种)(*Modiolopsis* sp.)，×3倍，Sgz；

11. 四边形角瓢蛤(*Goniophora trapezoidalis*)，×3倍，Dw；

12、13. 全老园脐螺(*Straparollus peruetusta*)，×6倍，Sgz；

14、15. 松旋螺(未定种)(*Ecculiomphalus* sp.)，×4倍，O-S；

16. 王氏克氏蛤(*Claraia wangi*)，×2倍，T_1^1；

17、18. 曲靖链房螺(*Hormotoma kutsingensis*)，×3倍，Sgz.

图版 V

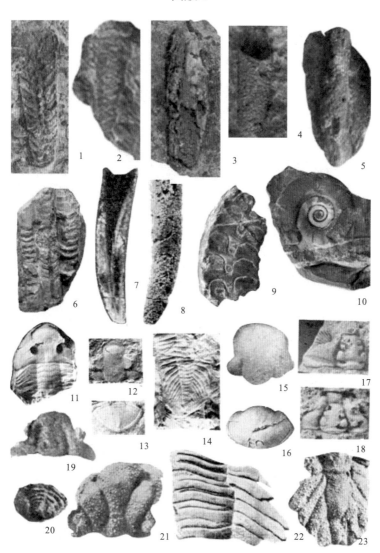

1、2. 前环角石（未定种）(*Protocyclocera* sp.)，×1.5 倍，O_1h；

3. 湖北房角石（*Cameroceras hupehense*），×2 倍，O_1h；

4、5. 朝鲜角石（未定种）(*Coreanoceras* sp.)，×1.5 倍，O_1h；

6. 四川角石（未定种）(*Sichuanoceras* sp.)，×1.5 倍，O_1h；

7、8. 弓鞘角石（未定种）(*Cyrtovaginoceras* sp.)，×1.2 倍，O_1h；

9. 假提罗菊石（未定种）(*Pseudotirolites* sp.)，×2 倍，P_3；

11～13. 大宁大壳虫（*Megalapides taningensis*），×1 倍，O_1h；

10. 蛇菊石（未定种）(*Ophiceras* sp.)，×2 倍，T_1^1；

15、16. 丁氏斜视虫（*Illaenus tingi*），×3 倍，O_1g；

14. 舒氏大洪山虫（*Taihungshania shui*），×2 倍，O_1m；

21～23. 眉形烈助虫（未定种）(*Metopolichas* sp.)，

17～20. 岛头虫（未定种）*Neseuretus* sp.，×2 倍，O_1m；

×1.5 倍，O_1g.

图版 VI

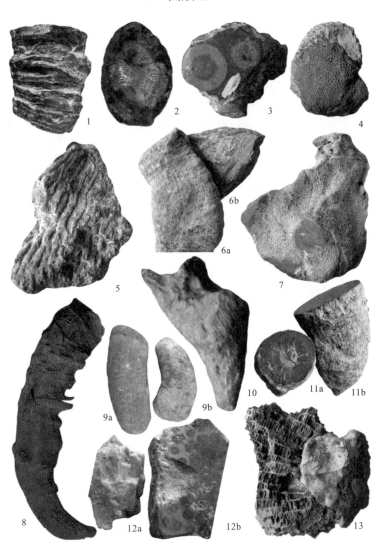

1、2. 贵州珊瑚（未定种）（*Kueichouphyllum* sp.），×1.5 倍，C₁；

3. 棚珊瑚（未定种）（*Dibunophyllum* sp.），×1 倍，C₁s；

4、7. 蜂巢珊瑚（未定种）（*Favosites* sp.）；4，×1/2 倍；7，×1 倍，S-D；

5. 笛管珊瑚（未定种）（*Syringopora* sp.），×1 倍，S-D；

6. 卫根珊瑚（未定种）（*Waagenophyllum* sp.），×1 倍，C；

8. 贵州珊瑚（未定种）（*Kueichouphyllum* sp.），×1/2 倍，C₃；

9. 扭心珊瑚（未定种）（*Streptelasma* sp.），×1 倍，Sgz；

10. 袁氏珊瑚（未定种）（*Yuanophyllum* sp.），×1 倍，C₁j；

11. 犬齿珊瑚（未定种）（*Caninia* sp.），×1.2 倍，C₁b；

12. 伊波雪珊瑚（未定种）（*Ipciphyllum* sp.），×1/2 倍，P；

13. 原米契林珊瑚（未定种）（*Protomichelinia* sp.），×1 倍，P。

图版Ⅶ

1～2. 苔藓虫，×3 倍，O_1g；

4. 海林檎，×1 倍，O_1g

6. 海林檎，×2 倍，O_1g；

8. 鱼化石碎片，×1 倍，D_{1-2}.

3. 叠层石，×1/3 倍，O_1t；

5. 海林檎，×4 倍，O_1g；

7. 鳞木（未定种）(*Lepidodendron* sp.)，×1 倍，P_3l；

图版Ⅷ

1. 贵阳中华瓣甲鱼(*Sinopetalichtys kueiyangensis*)：1a，不完整的头甲外模，保存清楚纹饰；1b，不完整的头甲内模，×1 倍，D_1w.

2、3. 中华贵州鱼(*Kueichoulepis sinensis*)：2，不完整的吻片，×1.7 倍；3，近完整的中背片内模，×0.65 倍，D_1w.

图版Ⅸ

1～4. 中华贵州鱼(*Kueichoulepis sinensis*.)：1a，近完整的头甲外模及部分甲片，×1.2 倍；1b，同 1a，外模，×1.1 倍；2，前中腹片外模，×0.7 倍；3，近完整的后中腹片内模，×2 倍；4，完整的左前腹侧片外模，×0.9 倍，D_1w.